TURING

图灵教育

站在巨人的肩上
Standing on the Shoulders of Giants

U0196290

TURING

图灵教育

站在巨人的肩上

Standing on the Shoulders of Giants

图灵程序
设计丛书

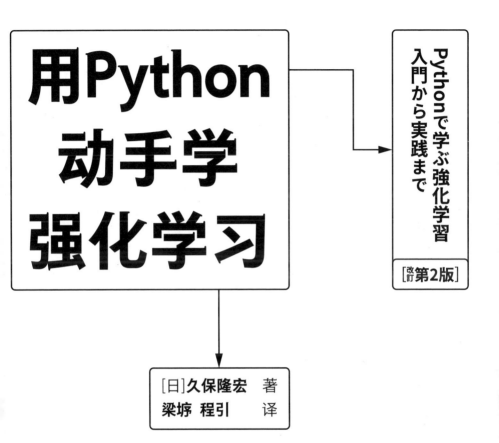

用Python 动手学 强化学习

Pythonで学ぶ強化学習
入門から実践まで

[改訂第2版]

[日]久保隆宏 著

梁堃 程引 译

人民邮电出版社

北京

图书在版编目（CIP）数据

用Python动手学强化学习 /（日）久保隆宏著；梁
垿，程引译 . -- 北京：人民邮电出版社，2021.7
（图灵程序设计丛书）
ISBN 978-7-115-56422-1

Ⅰ.①用… Ⅱ.①久… ②梁… ③程… Ⅲ.①软件工
具—程序设计 Ⅳ.①TP311.561

中国版本图书馆CIP数据核字 (2021) 第 075749 号

内 容 提 要

　　强化学习是机器学习的重要分支之一。本书结合实际可运行的 Python 代码，通过简明的文字、丰富的插图和示例，通俗易懂地介绍了从基础概念到前沿应用等方方面面的内容，包括根据环境和经验制订计划的学习方法、强化学习与神经网络的组合，以及强化学习的弱点和克服方法。读者通过下载书中代码并亲自动手运行，可以快速入门强化学习并进行实践。

　　本书适合具有一定编程经验、对强化学习感兴趣的工程师阅读。

◆ 著　　　　 [日] 久保隆宏
　 译　　　　 梁 垿 程 引
　 责任编辑　 杜晓静
　 责任印制　 周昇亮

◆ 人民邮电出版社出版发行　　北京市丰台区成寿寺路11号
　 邮编　100164　 电子邮件　315@ptpress.com.cn
　 网址　https://www.ptpress.com.cn
　 临西县阅读时光印刷有限公司印刷

◆ 开本：880×1230　1/32
　 印张：8.75
　 字数：242千字　　　　　　　　2021年7月第1版
　 印数：1 – 3 000 册　　　　　　 2021年7月河北第 1 次印刷
　 著作权合同登记号　图字：01-2020-0435 号

定价：89.80元
读者服务热线：(010) 84084456　印装质量热线：(010) 81055316
反盗版热线：(010) 81055315
广告经营许可证：京东市监广登字 20170147 号

译者序 1

在机器学习领域，监督学习和无监督学习两大学习范式已经被从业者广为熟知且应用。随着近年来新技术的不断涌现，对于那些需要进行决策的问题，强化学习作为新的学习范式逐渐取得了很多惊人的成就。比如应用深度强化学习的 AlphaGo 战胜了人类的顶尖围棋选手，OpenAI Five 在 *DOTA 2* 上战胜了世界冠军战队，等等。

强化学习在游戏领域披荆斩棘，让越来越多的从业者对该技术产生了强烈兴趣，并希望将其应用到工作中。本书的目标就是让那些已经有一定开发经验的从业者，能快速入门强化学习并立刻实践起来。

本书的一大特色就是含有大量示例和可以直接运行的代码，比如第 1 章中给出了迷宫探索的具体示例，并通过对应的代码让读者明白如何解决这些探索问题。通过代码，读者可以直观理解强化学习的运作过程，而不是陷在公式的泥潭里无法自拔。这种写作风格也是为了实现让从业者快速入门并实践这一目标。

另外，本书涉及的知识点也较为全面：第 1 章介绍强化学习与其他技术的关系，并通过一个简单的示例让读者对强化学习有一个初步的了解；第 2 ～ 3 章分别介绍根据环境和经验制订计划的学习方法，是了解强化学习这一范式最为基础的两个章节；第 4 章着重介绍强化学习和神经网络的组合，以及深度强化学习；第 5 ～ 6 章分别介绍强化学习的一些弱点和克服弱点的方法；最后的第 7 章介绍强化学习的一些应用事例。

本书作者久保先生是译者在研究生毕业后遇到的第一位上司。在每周的小组组会上，久保先生会时不时分享一些本书的内容。译者亲眼见证了

本书从一开始的草稿到成书的整个过程，也看到了本书作为强化学习领域
不可多得的学习资料在日本市场颇受好评。收到图灵公司的编辑翻译本书
的邀约时，译者不禁感慨这真是一种缘分。作为本书最早的读者之一，译
者相信这本经受了日本市场考验的作品一定能给中国读者带来收获。

　　最后，衷心感谢另一位译者程引博士，以及图灵公司的编辑在翻译过
程中给予的帮助，同时也感谢母亲给予的支持。希望所有对强化学习感兴
趣的读者都能从本书中获益。

梁垛

2021 年 1 月于东京

译者序 2

这是一本有趣的书。强化学习是机器学习的重要分支之一，颇以入门困难、学习曲线陡峭著称。与监督学习和无监督学习算法相比，强化学习相关资料少、背景知识多、入门不友好。本书面向对强化学习感兴趣的初学者，以平易近人的笔触、轻松愉快的口吻、明亮丰富的插图，不知不觉地将读者引入强化学习的大门。和国内众多严肃刻板的教科书不同，本书带给读者的感受首先是有趣。所谓"知之者不如好之者，好之者不如乐之者"，好的教科书理应是润物无声的。译者相信，本书能够带给读者沉浸式的阅读体验。而学习的过程也绝非味同嚼蜡，而是能时而抚掌击节。如果读者在读到某个章节时突然会心一笑，对作者的用心之处感同身受，那么本书的目的也就达到了。

这是一本有料的书。虽然本书是一本面向初学者的"科普"读物，但不妨碍它成为一本有料的作品。本书从最基础的内容到非常前沿的部分都有涉及：从基于模型（model-based）的方法到无模型（model-free）方法；从回合制任务（episodic task）到连续性任务（continuing task）；从表格型方法（tabular methods）到近似型方法（approximate methods）；从基于价值的方法（value-based methods）到基于策略的方法（policy-based methods）。因此可以放心，本书并不会因注重叙述方法的简明性而牺牲知识点的全面性。高端的食材往往只需要最朴素的烹饪方式，有料的图书往往也只需要最明快的叙述。

这是一本有用的书。走向通用人工智能，强化学习是其中的关键一步。AlphaGo 的主要开发者大卫·席尔瓦（David Silver）就认为"AI = Deep

Learning + Reinforcement Learning"（人工智能 = 深度学习 + 强化学习），这是因为深度学习已经成为主流的通用建模框架，而强化学习则是通用决策框架。杨立昆（Yann LeCun）也认为强化学习是机器学习蛋糕顶上的那一颗樱桃，其重要程度可见一斑。读者通过对本书的学习，可以亲自动手体验，加深对强化学习问题的构造方式的理解，求解算法的编程重点，以及了解训练过程所需的学习资源。走向通用人工智能道阻且长，这本书就是为读者精心打造的入门读物。

这是一本有幸的书。在本书的译制过程中，新冠肺炎疫情突如其来，译者困于东瀛，与家人久久不得见面，意志倍感消沉。每每停杯投箸不能食，每每提笔四顾心茫然。在一次次鼓起勇气提笔之后，本书最终与大家见面了。更有幸的是，在年尾，译者历尽千辛终于得以回国探亲，与家人在祖国北京，同庆 2020 年最美的夜，倍感珍惜。

明朝正德年间，一位日本使臣路过杭州西湖时，留下诗句："昔年曾见此湖图，不信人间有此湖。今日打从湖上过，画工还欠着工夫。"如果读者在看了这篇序言之后依然将信将疑，不妨捧起尝试一读，或许有一天，已经走上科研道路的读者，也会拍着这本小书笑道："作者还欠着工夫。"

程引

2021 年 1 月于北京

前言

感谢购买本书。本书的目标读者是那些有编程经验、想要学习强化学习并将其应用到工作中的工程师。"应用到工作中"的难度是很高的，笔者之所以设置这个目标，是因为不想让强化学习这门有趣的技术仅仅停留在"有趣"上。

正因如此，和其他图书相比，本书有以下 3 个特色：

1. 示例代码的设计注重实用性；

2. 介绍了强化学习的弱点及其克服方法；

3. 为了提高学习效果，整理了强化学习的研究体系。

从介绍深度强化学习的第 4 章开始，可以明显看出以上 3 个特色。因此，对于已经了解强化学习的读者来说，从第 4 章开始的内容更有参考价值。很多图书以"通过 TensorFlow、PyTorch、Chainer、Keras 学习深度强化学习"为主题，这正是本书从第 1 章到第 4 章的内容。可以说目前还没有像本书这样特地以在实际工作中应用为目标而进行内容设计的书，将来可能也不会出现。此外，本书第 5 章及其后章节会介绍强化学习的弱点，这些内容在其他书中也很少提及。

让有趣的强化学习在工作中也能发挥"有趣的"效果，这就是本书的目标。为了实现这个目标，笔者在写作时尽可能地收集了大量信息，并对杂乱的知识进行整理，力求以通俗易懂的方式进行讲解。希望强化学习能够解决诸位读者遇到的问题，帮助大家在工作中取得更多成果。

本书结构

本书由 7 章构成。理论上 1 天可以读完 1 章，1 周就能学完本书。不过每章的内容长短不一，因此各位不必强迫自己 1 周学完。下面简单介绍一下各章的内容。

- **第 1 章：了解强化学习**

  本章将首先整理强化学习和人工智能、机器学习这些关键词之间的关系，然后在此基础上介绍强化学习的优点和弱点，以及强化学习的基本机制。

- **第 2 章：强化学习的解法 (1)：根据环境制订计划**

  本章介绍强化学习根据给定的环境信息制订计划的方法。

- **第 3 章：强化学习的解法 (2)：根据经验制订计划**

  本章介绍强化学习通过在环境内探索制订计划的方法。

- **第 4 章：使用面向强化学习的神经网络**

  本章介绍将神经网络应用到强化学习上的方法。

- **第 5 章：强化学习的弱点**

  本章介绍强化学习，特别是第 4 章介绍的深度强化学习的弱点。

- **第 6 章：克服强化学习弱点的方法**

  本章介绍第 5 章提到的弱点的克服方法。

- **第 7 章：强化学习的应用领域**

  本章介绍强化学习的应用，以及一些方便的工具。

目标读者

本书的目标读者是程序员，即具有某种编程语言开发经验的工程师。如果你想把强化学习这门有趣的技术应用到自己的服务或项目中，那么本书就是为你量身定制的。

因此，要想理解本书，需要能够看懂程序代码。不过本书的代码实现力求能让读者像读文章一样轻松看懂，所以大家不必太过担心。代码实现使用了 Python，但是本书并不包含 Python 语法的相关解说。

对于第一次接触编程的读者，下面会介绍一些辅助内容。当然，最近有很多简单易懂的图书和网络课程，通过这些方式学习 Python 也是一个好办法。编程基础的学习不仅能够让你看懂本书，还能激发更多新的可能性。

至于数学，各位也无须过于担心，只要具备初高中的数学水平，就可以读懂本书。不过，在学习第 4 章中的策略梯度、第 6 章中的逆强化学习的相关内容时，需要读者具备一些在大学阶段学习的线性代数和微分的知识。

最后，在本书中，一些已经非常普及的方法将仅使用中文表示，其他方法则同时给出中文和英文名称。这是因为强化学习的最新信息大多是英文的，给出英文名称可以方便大家检索。

辅助内容

下面将为那些第一次接触编程的读者介绍一下 Python 的设置方法等。前面也提到了，最近学习资料越来越丰富，因此这里介绍的内容也只是作为参考而已。

首先，准备用于开发的 Python 环境。虽然能从官网下载 Python，但是这里推荐使用 Miniconda。通过 Miniconda 自带的功能（conda），我们可以创建独立于系统的环境（虚拟环境），以运行示例代码。另外，使用 conda 能够比较简单地安装那些平时安装起来比较麻烦的包。

顺便一提，Python 的版本主要有 2.x 和 3.x 两种，本书代码是基于 3.x 的。2.x 已于 2020 年 1 月 1 日正式停止维护，所以现在推荐使用 3.x。

作为介绍 Python 的教程，读者可以参考笔者的 GitHub 个人主页①。使用 GitHub 管理代码需要用到版本管理工具 Git，因此读者需要事先从官网上下载好 Git。对于没有使用过 Git 的读者，笔者的教程中也包含了对 Git 的解说。

Python 和 Git 的学习结束之后，就可以开始本书的学习之旅了。

示例代码

本书中使用的示例代码可以从下面的网址获取。

ituring.cn/book/2794②

把书中的代码一行一行地敲入编辑器里很不方便，所以这里推荐在阅读本书时先把重点放在理解内容上，再尝试运行示例代码。

在运行示例代码之前，要先创建运行环境。这里我们以使用 GPU 创建运行环境为例进行介绍。使用 GPU 创建运行环境对环境和包版本的依赖会很大，详细内容请参考示例代码文件中的 README.md。

接下来，我们开始创建 GPU 环境。安装完 Python 和 Git 之后，执行下面的命令来创建运行环境。另外，在创建时用到了 Miniconda（conda）。如果使用的是 virtualenv 等工具，请替换对应的代码。

代码清单 0-1

```
> 从图灵社区下载包含示例代码的zip文件并解压
> cd 示例代码文件名（解压后的文件名）
> conda create -n rl-book python=3.7
> conda activate rl-book
(rl-book)> pip install -r requirements.txt
```

---

① 为便于读者查阅，我们对本书涉及的网址链接进行了汇总。读者可访问图灵社区的本书主页（ituring.cn/book/2794），点击页面中的"相关文章"查询。——编者注

② 请至"随书下载"处下载本书源码文件。——编者注

这里总结一下，步骤如下所示：

1. 从图灵社区下载代码；
2. 移动到放有示例代码的文件夹；
3. 创建用于运行代码的虚拟环境；
4. 激活创建的虚拟环境；
5. 安装必要的库。

关于虚拟环境的激活，从 conda 4.5 之后，不论哪个 OS，都能通过 conda activate 实现（退出虚拟环境的命令是 conda deactivate）。在激活虚拟环境之后，终端左边会显示环境名（rl-book）。在运行示例代码时，记得要检查环境（rl-book）是否有效。如果在执行命令的过程中出现问题，可以执行 conda init，然后重新启动终端。

在确认虚拟环境有效之后，执行下面的命令。如果接球游戏启动了，就说明运行环境一切正常（图 0-1）。

代码清单 0-2

```
(rl-book)> python welcome.py
```

图 0-1　用于确认安装是否成功的接球游戏

致谢

在写作本书时，笔者参考了各种资料。讲解的部分参考了 UCL Course on RL[1] 和 *Reinforcement Learning: An Introduction*[2]，实现的部分参考了 dennybritz/reinforcement-learning[3]。感谢大卫·席尔瓦（David Silver）、理查德·桑顿（Richard S. Sutton）、安德鲁·巴图（Andrew G. Barto）和丹尼·布里兹（Denny Britz）。另外，感谢那些免费公开笔记和代码的开源者。

为了保证内容的准确性，本书邀请奥村 Ernesto 纯和山内隆太郎进行了审读，感谢二位在百忙之中抽出时间审读本书。经过审读，本书的讲解方式和结构有所变化，内容上更加完善、准确。这里特别感谢二位的帮助！

最后，感谢对笔者来说至关重要的音乐。笔者在写作本书时，循环播放了 Nothing's Carved in Stone[4] 的 *Mirror Ocean*，从中汲取了很多力量。此外，ELLEGARDEN[5] 也恢复了活动，令人激动不已。笔者曾在 the HIATUS[6] 的现场演唱会上听细美武士唱道"接下来就看你的了"，希望本书可以无愧于这句歌词。感谢所有鼓舞笔者完成本书的音乐。

---

[1] UCL Course on RL 是英国人工智能科学家大卫·席尔瓦（David Silver）在伦敦大学学院（University College London，UCL）的强化学习公开课，课程共 10 节。读者可以在浏览器上搜索找到。——编者注

[2] 这是由理查德·桑顿和安德鲁·巴图合著的一本书，其第 2 版的中文版已于 2019 年出版，书名是《强化学习（第 2 版）》。——编者注

[3] 这是一个 GitHub 仓库，其中汇聚了强化学习的实现示例及相关解说，由丹尼·布里兹创建。——编者注

[4] 由前摇滚乐队 ELLEGARDEN（已于 2018 年恢复活动）的吉他手生形真一在原乐队停止活动后新组建的乐队。——编者注

[5] 这是一个人气很高的日本摇滚乐队，2008 年宣布解散，2018 年恢复活动，并举办了演唱会。——编者注

[6] 由前摇滚乐队 ELLEGARDEN（已于 2018 年恢复活动）的主唱兼吉他手细美武士在原乐队停止活动后新组建的乐队。——编者注

关于第2版

在本书第 1 版出版之后，笔者获得了很多反馈，并在此基础上进行了大幅修订（尤其是关于策略梯度和 A2C 算法），所以一直想要推出本书的修订版。所幸，在各位读者的支持下，修订后的第 2 版得以问世。感谢讲谈社以及所有购买本书的读者，是你们给了笔者这个机会，谢谢你们！

第 2 版修正了错别字，并重新修改了讲解方式，精简了冗长的措辞，篇幅上比第 1 版少了 7 页（内容本身并没有减少，请不必担心）。另外，TensorFlow 的版本也从 0.12 更改为了 0.14。其实原本是打算更改为 TensorFlow 2.0 的，但在写作本书时，TensorFlow 2.0 还只是 beta 版本，所以并没有采用，不过书中内容是能够适用于 beta 版本的 TensorFlow 2.0 的。

最后，特别感谢提供反馈的以下读者！

funwarioisii、tyfkda、ariacat3366、takushi-m、ExplPiP1Eo、yshr10ic、akch-kk、tatsuya-ogawa、slaypni、muupan、mori97、yosukesan、yujirokatagiri、ryamauchi、cfiken、wisteria2gp

■ 本书基于以下环境执笔。

　　· Windows 10

　　· Python ver. 3.7

　　· TensorFlow ver. 0.14.0

■ 本书的内容基于 2019 年 7 月时的信息。

■ 本书中的示例程序、脚本及运行结果画面只是在上述环境下再现的一个示例。

■ 关于应用本书内容所产生的一切结果，作译者及出版社概不负责。

■ 本书中的网址可能会在未提前通知的情况下变更。

■ 本书中的公司名、商品名、服务名等，一般是各公司的商标或注册商标。书中省
略 ™、®、© 标识。

目　录

第**1**章

了解强化学习

第 1 章将介绍强化学习的概念及基本机制。新闻报道中很少将强化学习与机器学习、深度学习、人工智能这些关键词区分开来，所以我们要先介绍什么是强化学习，再讲解其基本机制。

通过阅读本章，我们可以明白以下 3 点：

- 强化学习与机器学习、人工智能这些关键词之间的关系；
- 强化学习相对于其他机器学习方法的优点和弱点；
- 强化学习的基本机制。

那么，下面就正式开始学习之旅吧。

1.1 强化学习与各关键词之间的关系

图 1-1 所示为与强化学习相关的关键词之间的关系。

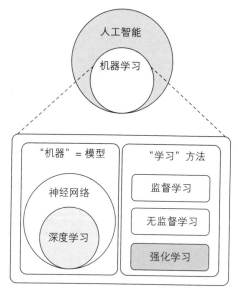

图 1-1 各关键词之间的关系

首先，**机器学习**是实现人工智能的一种技术。不同的人对人工智能的定义有不同的理解，这里不进行深入说明。不过，对于"机器学习是实现人工智能的一种技术"这一点，人们意见一致。

顾名思义，机器学习是让"机器"进行"学习"的方法。这里的"机器"叫作模型，实际上是含有参数的数学式。对模型的参数进行调整，使之与给定的数据拟合的行为叫作"学习"（图 1-2）。

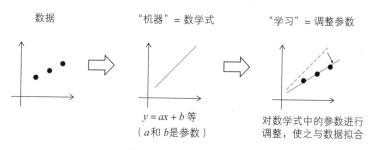

图 1-2 机器学习的机制

深度学习是机器学习中的一种模型。将神经网络模型叠加成多层模型（使之变深），就形成了深度神经网络（Deep Neural Network，DNN）。通过某些学习方法让 DNN 进行学习，就叫作深度学习。

对模型的参数进行调整，使之与数据拟合的学习方法一共有 3 种，分别是监督学习、无监督学习和强化学习。

- **监督学习**

   事先给定数据和答案（标签），然后对模型的参数进行调整，让输出（标签）与给定的数据一致。

- **无监督学习**

   事先仅给定数据，然后对模型的参数进行调整，以提取数据的特征（结构或表征）。

- **强化学习**

   事先给定一个可以根据行动得到奖励的环境（任务），然后对模型的参数进行调整，以便让不同状态下的行动与奖励联系起来。

监督学习是最容易理解且使用最广泛的学习方法。这里我们以图像分类为例来介绍一下。首先准备一个数据集，在这个数据集中，每张图像都有对应的标签，用来表明这张图像是哪种动物（这称为监督数据）。然后，为了在输入图像后让模型输出正确的标签，对模型的参数进行调整。我们可以使用谷歌公开的 Teachable Machine 在浏览器上尝试进行图像分类。

这里介绍一下 Teachable Machine 的用法。用网络摄像头对着某样物体，并按下某种颜色的按钮，此时拍摄的这张照片就可以与所按下的按钮的颜色对应起来。这里的颜色就是标签。在图 1-3 中，我们设置"企鹅 = 绿色"，让模型进行学习。在图 1-4 中，我们设置"猫 = 紫色"，让模型进行学习。这样一来，当图像为企鹅时，模型输出绿色；当图像为猫时，模型输出紫色。这个例子说明，为了让模型能够根据输入的图像输出正确的标签，Teachable Machine 会调整内在的模型参数。

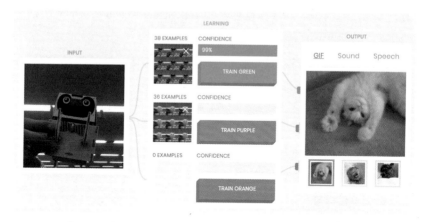

图 1-3　在 Teachable Machine 上让模型学习"企鹅 = 绿色"

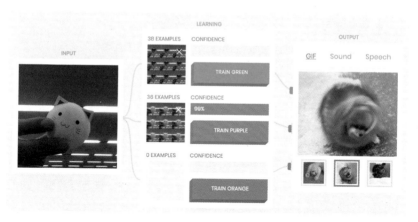

图 1-4　在 Teachable Machine 上让模型学习"猫 = 紫色"

无监督学习不会事先给定标签。因为给定的只有数据，所以叫作"无监督"。由于没有标签，所以模型学习的是数据内部的结构（structure）和表征（representation）等。比如，在输入某个样本后，模型会根据该样本在全体数据中的位置调整参数，输出表示该数据的表征（向量）。

这里具体解释一下什么是"学习数据的结构"。一个相近的例子是生物学中分类框架的构建。人类归属于人属，并和黑猩猩、大猩猩一样归属于人科。这样的分类并不是从一开始就确定的，而是在对各种各样的动物进行观察的基础上，通过积累经验而总结出来的。也就是说，这个结构是仅根据数据推测出来的，这就是一种无监督学习。这种推测结构的无监督学习方法包括聚类等。

那么，什么是"学习数据的表征"呢？较为相近的例子是数据压缩。压缩后的数据之所以可以代表原来的数据，是因为压缩后的数据中包含了原数据的一些特征。**自编码器**（autoencoder）就是一种获取压缩表征的方法。

自编码器能够根据压缩后的向量（图 1-5 中的 Z）复原原始数据。负责压缩的是编码器（encoder），负责复原的是解码器（decoder）。图 1-5 展示的是将音频数据用编码器压缩，再用解码器复原的过程。编码器和解码器都是模型，都会对参数进行调整，调整的目的分别是压缩音频和把压缩后的向量复原为原始音频。

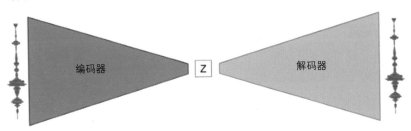

图 1-5　将音频数据用编码器压缩，再用解码器复原
（引自"MusicVAE：Creating a palette for musical scores with machine learning"）

自编码器的学习结束之后，可以从编码器中得到音频数据的压缩表征。使用压缩表征可以实现很多有趣的事情。比如，将多个音频数据用编码器压缩，然后混合，再用解码器复原，就可以得到全新的音频。借助 Beat Blender，我们可以听到 4 种打击乐混合的声音（图 1-6）。

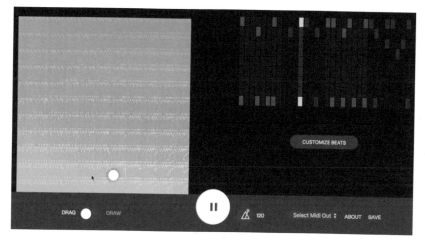

图 1-6 Beat Blender
（引自 Beat Blender 网站）

图 1-6 中左侧正方形的 4 个角代表 4 种打击乐。移动正方形中白色的点可以改变合成率。将白点按轨迹移动，可以听到不同合成率下的声音。

近几年涌现出很多使用 DNN 来获取压缩表征的方法。当然，这也是因为 DNN 是一种擅长从数据中提取特征的模型。我们会在第 6 章介绍将压缩表征用于强化学习的方法。

强化学习与前面两种机器学习方法不同，它给定的是环境，而不是数据。我们可以把环境理解为到达某种状态即可获取奖励的空间，其中定义了"行动"以及与行动对应的"状态"的变化。简单来说，强化学习就像游戏一样。比如，在游戏中，按下按钮后角色会跳跃，那么"按下按钮"就相当于行动，"角色跳跃"就相当于状态的变化。到达终点之后，就可以获得"奖励"。

实际上，强化学习中使用的"环境"以游戏为主。本书使用的 OpenAI Gym 库就收集了很多用作强化学习环境的游戏（图 1-7）。在研究领域，Atari 2600 游戏机的游戏经常被用于测试强化学习模型的性能。

Atari
Reach high scores in Atari 2600 games.

AirRaid-ram-v0
Maximize score in the game
AirRaid, with RAM as input

AirRaid-v0
Maximize score in the game
AirRaid, with screen images
as input

Alien-ram-v0
Maximize score in the game
Alien, with RAM as input

图 1-7　OpenAI Gym 中收集的 Atari 2600 中的游戏
（引自 Gym 网站）

　　强化学习需要对模型的参数进行调整，以便从环境中获取奖励。此时，模型是一个接收"状态"并输出"行动"的函数。借助 Metacar，我们可以在浏览器上体验强化学习模型的机制（图 1-8）。Metacar 在浏览器上准备了一个汽车行驶的环境，我们可以在这个环境中进行模型的学习。另外，还可以查看模型学习结果，也就是模型对哪种状态下的哪种行动的评价较高。

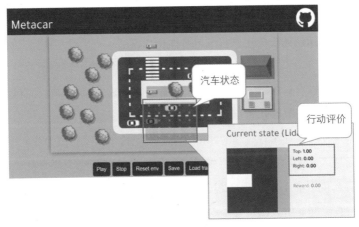

图 1-8　Metacar 中的模型识别到的状态及相应的行动评价

本节整理了与强化学习相关的关键词。强化学习是一种机器学习方法。机器学习方法包括监督学习、无监督学习和强化学习 3 种，我们通过示例分别介绍了它们的机制。下一节将介绍各机器学习方法和强化学习的不同。

1.2　强化学习的优点和弱点

强化学习在根据行动给予奖励（≈正确答案）这一点上和监督学习非常相似。二者的不同点在于，强化学习不是根据单次的立即奖励进行优化的，其优化的目的是使整体奖励最大化。假设 1 天能得到 1000 元，但如果等待 3 天，就能得到 10 000 元。在这种情况下，行动分为"等待"与"不等待"。因为监督学习评价的是单次的行动结果，所以会选择"不等待"，每天得到 1000 元就是最优的选择。而强化学习把从环境开始到结束的整个期间（这个例子中是 3 天）叫作一个**回合**（episode），它的目的是使这一个回合内的整体奖励最大化，所以在强化学习中，"等待 3 天，得到 10 000 元"才是最优的选择（第 3 章会详细介绍回合无限长的情况）。

也就是说，强化学习是根据能否让整体奖励最大化来评价行动的。至于如何进行评价，需要模型自己去学习。总结一下，强化学习的模型需要学习两项内容，分别是行动的评价方法和基于评价方法对行动进行选择的方法（策略）。

能对行动的评价方法进行学习是强化学习的一个优点。比如，对于围棋和象棋这样复杂的游戏，我们很难评价现在这一步下得有多好。但是，强化学习可以自己去学习评价方法。因此，对于人类通过感官和直觉来判断的过程，强化学习也是可以学习的。

但是，这也意味着行动的评价方法完全交给了模型。因为我们没有提供"标签"这样的正确答案，模型进行什么样的判断完全基于模型自己。这个弱点和无监督学习的弱点是一致的。因此，强化学习有可能学习到违反人类直觉的评价方法，并采取违反人类直觉的行动。针对这个问题，我们将在第 5 章详细介绍。

　　在能使用监督学习的情况下，最好优先使用监督学习。这是因为，监督学习给定了标签，所以模型的举动是可控的。单纯增加数据，就能提高精度——这种非常简单的可扩展性是监督学习的优点。虽然强化学习和无监督学习也有各自的优点，但是这些模型的举动在一定程度上不如监督学习模型方便预测，而且在想要提升模型的效果时，也不是简单增加数据就可以的。因此，在实际工作中，它们并不像监督学习那么受欢迎。针对强化学习的弱点，第 6 章将介绍克服的方法。第 7 章将介绍如何将强化学习应用于实际工作中。

　　本节介绍了强化学习的特点。强化学习与监督学习不同，不关注单次行动带来的立即奖励，而是关注连续的行动能够获得的整体奖励。要想使整体奖励最大化，就需要学习行动的评价方法和行动的选择方法（策略）。对于那些难以对行动进行评价的游戏和任务，通过学习行动的评价方法，就可以攻略游戏和解决任务。此外，我们还介绍了强化学习无法对学习到的行动进行控制的弱点。

　　下一节，我们将对强化学习的机制进行讲解。

1.3　强化学习的问题设定：马尔可夫决策过程

　　强化学习中的"环境"是要遵循一定规则的，这个规则就是：迁移后的状态由迁移前的状态和行动决定，奖励由迁移前和迁移后的状态决定。我们称这个规则（性质）为**马尔可夫性**（Markov property）。拥有马尔可夫性的环境叫作**马尔可夫决策过程**（Markov Decision Process，MDP）。MDP包括以下 4 个构成要素。

- s：状态（state）。
- a：行动（action）。
- T：迁移函数（transition function）。迁移函数是以状态和行动为参数，输出迁移后的状态和迁移概率的函数。

■ R：奖励函数（reward function）。奖励函数是以状态和迁移后的状态为参数，输出奖励的函数（有时行动也可以作为参数输入到奖励函数中）。

对以上要素加以整理，得到图1-9。

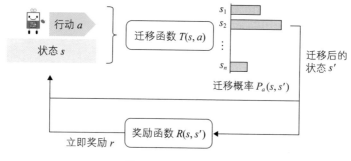

图1-9　MDP 示意图

图1-9 中的机器人可以理解为输入状态、输出行动的函数，这个函数叫作**策略**（policy），记作 π。策略可以理解为强化学习中的模型。强化学习的学习过程，就是调整策略的参数，使模型能根据状态输出合适的行动。根据策略执行行动的主体（图中的机器人）叫作**智能体**（agent）。

MDP 中的奖励 r 由迁移前和迁移后的状态决定，这个奖励叫作**立即奖励**[①]（immediate reward）。立即奖励和监督学习中的标签相似,但如果只关注立即奖励，就无法使回合内的整体奖励最大化。这里可以结合 1.2 节介绍的 1 天 1000 元（立即奖励）和 3 天 10 000 元（整体奖励）的例子来理解。

MDP 的整体奖励是立即奖励的总和。当回合在时刻 T 结束时，时刻 t 的整体奖励 G_t 的定义如下：

$$G_t \stackrel{\text{def}}{=} r_{t+1} + r_{t+2} + r_{t+3} + \cdots + r_T$$

---

① 在强化学习的语境下，奖励通常可以理解为立即奖励。——译者注

G_t 的数学式非常简单，就是把时刻 t 之后的立即奖励相加。因为不知道将来的立即奖励，所以在一个回合结束之前，是不能计算 G_t 的。但是，如果从智能体的角度来考虑，在选择某种行动时，还是希望知道整体奖励是多少。强化学习以整体奖励最大化为目标，所以如果能够在采取行动之前知道整体奖励有多少，就可以选择合适的行动。不过，如前所述，在一个回合结束之前，是不能计算 G_t 的。要想规避这一点，我们需要对整体奖励进行估计，得到一个估计值。

因为这个整体奖励的估计值是不确定的值，所以要对其进行"打折"，用于打折的系数就叫作**折扣率**（discount factor），记作 γ。使用折扣率计算的整体奖励的定义如下：

$$G_t \stackrel{\text{def}}{=} r_{t+1} + \gamma r_{t+2} + \gamma^2 r_{t+3} + \cdots + \gamma^{T-t-1} r_T = \sum_{k=0}^{T-t-1} \gamma^k r_{t+k+1}$$

图 1-10 展示了计算过程。

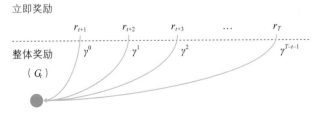

图 1-10　引入折扣率的整体奖励计算方法

折扣率是 0 和 1 之间的值。越是未来的时刻，折扣率的指数越大。也就是说，离现在越远，折扣的力度越大。从直觉上讲，越遥远的未来越难以预测。像这样通过折扣率计算得到的未来的奖励值，叫作**折现值**。折现值不仅应用于强化学习，也经常应用在资产价值的评估等方面。

上式可以改写成下面这种递归的方式。递归的意思是在定义 G_t 的数学式中使用 G_t 自己：

$$G_t \overset{\text{def}}{=} r_{t+1} + \gamma r_{t+2} + \gamma^2 r_{t+3} + \cdots + \gamma^{T-t-1} r_T$$
$$= r_{t+1} + \gamma (r_{t+2} + \gamma r_{t+3} + \cdots + \gamma^{T-t-2} r_T)$$
$$= r_{t+1} + \gamma G_{t+1}$$

G_t 是整体奖励的估计值，我们称其为**期望奖励**（expected reward）或者**价值**（value）（下文统一使用"价值"）。计算这个价值的过程叫作**价值近似**（value approximation）。这个价值近似就是强化学习要学习的两项内容之一，即行动的评价方法。关于价值近似以及学习策略的具体方法，我们将从第 2 章开始介绍。

本节讲解了 MDP 的机制和最大化的对象（即价值）。接下来，我们将通过代码实现一个符合 MDP 的环境，并在此基础上深入介绍 MDP 的机制。下面即将介绍的示例代码来自文件 DP/environment.py。

DP/environment.py 实现了图 1-11 中的迷宫环境。行动是向上下左右移动，状态是智能体当前所在的位置。当智能体到达绿色格子，就增加奖励并结束；当到达红色格子，就减少奖励并结束。黑色格子是智能体无法向其移动的区域。

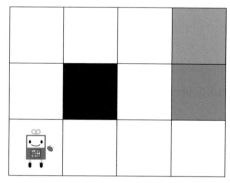

图 1-11　environment.py 实现的满足 MDP 的环境

我们整理一下组成这个迷宫环境的要素。

- ■ *s*（状态）：格子的位置（行/列）。
- ■ *a*（行动）：向上下左右移动。
- ■ *T*（迁移函数）：接收状态和行动，返回智能体可以移动至的格子的位置以及智能体向其移动的概率（迁移概率）。
- ■ *R*（奖励函数）：接收状态，如果是绿色格子，返回 1；如果是红色格子，返回 −1。

这里，我们人为地设定了"由迁移概率决定的行动以外的行动"的发生概率。比如在向上前进的情况下，虽然无法向下前进，但是可以左右移动。大家可以将这想象成突然有一阵风刮来，导致移动方向发生了偏离。另外，关于奖励函数，因为返回的奖励只取决于迁移后的状态（是绿色格子还是红色格子），所以参数只有状态。

让我们实际看一下代码。先定义表示状态和行动的类 State 和 Action。

代码清单 1-1

```python
class State():

    def __init__(self, row=-1, column=-1):
        self.row = row
        self.column = column

    def __repr__(self):
        return "<State: [{}, {}]>".format(self.row, self.column)

    def clone(self):
        return State(self.row, self.column)

    def __hash__(self):
        return hash((self.row, self.column))

    def __eq__(self, other):
        return self.row == other.row and self.column == other.column


class Action(Enum):
```

```
UP = 1
DOWN = -1
LEFT = 2
RIGHT = -2
```

State 定义了格子的位置（row、column），Action 定义了向上下左右移动这 4 种行动。下面实现环境的实体 Environment。

代码清单 1-2

```python
class Environment():

    def __init__(self, grid, move_prob=0.8):
        # grid是一个二维数组，它的值可以看作属性
        # 一些属性的情况如下
        #  0: 普通格子
        #  -1: 有危险的格子（游戏结束）
        #  1: 有奖励的格子（游戏结束）
        #  9: 被屏蔽的格子（无法放置智能体）
        self.grid = grid
        self.agent_state = State()

        # 默认的奖励是负数，就像施加了初始位置惩罚
        # 这意味着智能体必须快速到达终点
        self.default_reward = -0.04

        # 智能体能够以move_prob的概率向所选方向移动
        # 如果概率值在(1-move_prob)内
        # 则意味着智能体将移动到不同的方向
        self.move_prob = move_prob
        self.reset()

    @property
    def row_length(self):
        return len(self.grid)

    @property
    def column_length(self):
        return len(self.grid[0])

    @property
    def actions(self):
```

```
    return [Action.UP, Action.DOWN,
            Action.LEFT, Action.RIGHT]

@property
def states(self):
    states = []
    for row in range(self.row_length):
        for column in range(self.column_length):
            # state中不包含被屏蔽的格子
            if self.grid[row][column] != 9:
                states.append(State(row, column))
    return states
```

　　Environment 接收迷宫的定义（grid），把迷宫内的格子当作状态（states）。当前不考虑无法向其移动的黑色格子。环境内可以执行的行动只有代码中写的向上下左右移动这 4 种（actions）。接着，实现迁移函数和奖励函数。我们首先看一下迁移函数 transit_func 的写法。

代码清单 1-3

```
def transit_func(self, state, action):
    transition_probs = {}
    if not self.can_action_at(state):
        # 已经到达游戏结束的格子
        return transition_probs

    opposite_direction = Action(action.value * -1)

    for a in self.actions:
        prob = 0
        if a == action:
            prob = self.move_prob
        elif a != opposite_direction:
            prob = (1 - self.move_prob) / 2

        next_state = self._move(state, a)
        if next_state not in transition_probs:
            transition_probs[next_state] = prob
        else:
            transition_probs[next_state] += prob
```

```
    return transition_probs

def can_action_at(self, state):
    if self.grid[state.row][state.column] == 0:
        return True
    else:
        return False

def _move(self, state, action):
    if not self.can_action_at(state):
        raise Exception("Can't move from here!")

    next_state = state.clone()

    # 执行行动（移动）
    if action == Action.UP:
        next_state.row -= 1
    elif action == Action.DOWN:
        next_state.row += 1
    elif action == Action.LEFT:
        next_state.column -= 1
    elif action == Action.RIGHT:
        next_state.column += 1

    # 检查状态是否在grid外
    if not (0 <= next_state.row < self.row_length):
        next_state = state
    if not (0 <= next_state.column < self.column_length):
        next_state = state

    # 检查智能体是否到达了被屏蔽的格子
    if self.grid[next_state.row][next_state.column] == 9:
        next_state = state

    return next_state
```

选中的移动方向的迁移概率 transition_probs 是 self.move_prob，反方向的迁移概率是 0，其他方向的迁移概率是 1 减去 self.move_prob 后的平均值，即 (1 - self.move_prob) / 2。当迁移后的状态（next_state）出现在迷宫之外时，就返回到原来的格子。具体负责移动的部分是通过 _move 实现的。接下来，我们看一看奖励函数 reward_func 的实现。

代码清单 1-4

```
def reward_func(self, state):
    reward = self.default_reward
    done = False

    # 检查下一种状态的属性
    attribute = self.grid[state.row][state.column]
    if attribute == 1:
        # 获取奖励，游戏结束
        reward = 1
        done = True
    elif attribute == -1:
        # 遇到危险，游戏结束
        reward = -1
        done = True

    return reward, done
```

当状态为绿色格子（`attribute == 1`）时，奖励函数返回 1；当状态为红色格子（`attribute == -1`）时，奖励函数返回 -1；除此之外都返回默认值 `self.default_reward`。`self.default_reward` 的值会对智能体的行动产生影响。代码清单 1-2 中设定了一个负值（`-0.04`），如果智能体到处乱走，奖励的值会逐渐变小，所以这个值可以起到加快行动的效果。可以看到，奖励的设定会对强化学习的结果产生很大影响。

以上就是 MDP 的 4 个构成要素（状态、行动、迁移函数和奖励函数）的代码实现。最后，我们添加几个便于在外部使用该环境的函数。

代码清单 1-5

```
def reset(self):
    # 将智能体放置到左下角
    self.agent_state = State(self.row_length - 1, 0)
    return self.agent_state

def step(self, action):
    next_state, reward, done = self.transit(self.agent_state,
                                            action)
    if next_state is not None:
```

```
        self.agent_state = next_state

    return next_state, reward, done

def transit(self, state, action):
    transition_probs = self.transit_func(state, action)
    if len(transition_probs) == 0:
        return None, None, True

    next_states = []
    probs = []
    for s in transition_probs:
        next_states.append(s)
        probs.append(transition_probs[s])

    next_state = np.random.choice(next_states, p=probs)
    reward, done = self.reward_func(next_state)
    return next_state, reward, done
```

　　reset 是用于初始化智能体的位置（使之回到左下角）的函数。step
接收智能体的行动，并通过迁移函数或奖励函数返回迁移后的状态和立即
奖励。迁移后的状态是根据迁移函数输出的概率值来进行选择的（np.
random.choice(next_states, p=probs)）。

　　我们来看一下让环境内的智能体执行行动的代码。下面的示例代码来
自文件 DP/environment_demo.py。

代码清单 1-6

```
import random
from environment import Environment


class Agent():

    def __init__(self, env):
        self.actions = env.actions

    def policy(self, state):
        return random.choice(self.actions)
```

```
def main():
    # 创建grid环境
    grid = [
        [0, 0, 0, 1],
        [0, 9, 0, -1],
        [0, 0, 0, 0]
    ]
    env = Environment(grid)
    agent = Agent(env)

    # 尝试10次游戏
    for i in range(10):
        # 初始化智能体的位置
        state = env.reset()
        total_reward = 0
        done = False

        while not done:
            action = agent.policy(state)
            next_state, reward, done = env.step(action)
            total_reward += reward
            state = next_state

        print("Episode {}: Agent gets {} reward.".format(i, total_
            reward))


if __name__ == "__main__":
    main()
```

首先定义 Agent。Agent 的 policy 是接收状态并返回行动的函数。但是，这次只是随机选择行动而已。main 中描述了迷宫的定义和如何在迷宫内探索。首先，创建 Environment，然后在 for 循环内对迷宫进行 10 次探索。在探索前，要用 env.reset() 初始化智能体的位置。智能体会一直移动，直到 done 变为 True（到达终点）。从开始到终点是一个回合。

整个流程是根据 agent.policy 选择 action，然后将 action 传入 env.step 中，得到迁移后的状态 next_state 和立即奖励 reward。代码执行过程如图 1-12 所示。

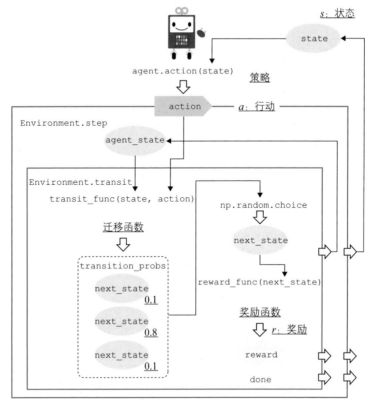

图 1-12 与代码相应的 MDP 示意图

改变 transit_func 和 reward_func，可以观察到智能体获得的奖励的变化情况。我们也可以改变代码，确认智能体的状态。大家可以动手进行各种尝试，这样不仅可以加深对 MDP 机制的理解，还有助于掌握代码实现。

本章整理了与强化学习相关的一些关键词，介绍了强化学习与其他机器学习方法的不同，还讲解了作为强化学习基本机制的 MDP，并通过代码实现加深了对于 MDP 的理解。

从下一章开始，我们将讲解在基于 MDP 的环境中如何选择最优行动。具体来说，强化学习要学习的是价值的计算方法（价值近似）和基于价值近似的行动选择方法（策略），接下来我们将详细讲解这两点。

第2章

强化学习的解法 (1)：
根据环境制订计划

本章将介绍在第 1 章实现的迷宫环境的基础上制订计划的方法。制订计划需要学习价值近似和策略。为此，我们首先要根据实际情况合理地重新对价值进行定义。因此，本章的内容分为以下 3 部分：价值的定义、价值近似的学习和策略的学习。

本章使用的学习方法是**动态规划**（Dynamic Programming，DP）法。当第 1 章中迷宫的迁移函数和奖励函数已知时，就可以使用动态规划法来求解。这种基于迁移函数和奖励函数来学习行动的方法叫作**基于模型**（model-based）的学习方法。这里的模型指的是环境，其实体是迁移函数和奖励函数，它们决定了环境的行动。

另外，在不知道迁移函数和奖励函数的情况下，也能使用基于模型的方法对这两种函数进行推算。我们会在第 6 章介绍推算的例子。此外，下一章将介绍不使用模型（迁移函数和奖励函数）进行学习的**无模型**（model-free）的方法。

通过阅读本章，我们可以明白以下 4 点：

- 作为行动评价指标的价值的定义；
- 使用动态规划法学习价值近似的理论方法和代码实现；

- 使用动态规划法学习策略的理论方法和代码实现；
- 基于模型的方法和无模型的方法的区别。

那么，下面就正式开始学习之旅吧。

2.1　价值的定义和计算：贝尔曼方程

在上一章，我们如下定义了价值：

$$G_t \overset{\text{def}}{=} r_{t+1} + \gamma r_{t+2} + \gamma^2 r_{t+3} + \cdots + \gamma^{T-t-1} r_T = \sum_{k=0}^{T-t-1} \gamma^k r_{t+k+1}$$

G_t 是选择行动时（时刻 t）的价值，可以将其看作整体奖励的估计值，通过立即奖励乘以折扣率并相加得到。

但这个价值面临两个问题：第 1 个问题是，我们必须知道将来的立即奖励（r_{t+1}，r_{t+2}，$\cdots$）是多少；第 2 个问题是，这个将来的立即奖励必须是能够通过计算得到的。以掷硬币为例，这就相当于将来某个时刻掷出正面或反面是可以预测的，而且这个预测一定会中。而现实情况是，只要不实际进行投掷，就无法知道立即奖励（正面或反面）是多少，掷硬币的结果也只是概率性的。也就是说，直接对上一章定义的价值进行计算是非常困难的，在计算之前必须解决上面两个问题。

第 1 个问题可以通过把数学式改为递归的形式来解决。上一章我们曾把价值的数学式改写为如下的递归形式：

$$G_t \overset{\text{def}}{=} r_{t+1} + \gamma G_{t+1}$$

使用递归的形式，可以把将来的立即奖励 G_{t+1} 的计算留待之后进行。首先，赋予 G_{t+1} 一个适当的值，就能计算 G_t 了。这样一来，在时刻 t 就不需要知道将来的立即奖励了。这里提前透露一下：动态规划法使用过去计算的值（缓存）来得到将来的立即奖励 G_{t+1}，这叫作**记忆化**。

第 2 个问题可以通过对立即奖励乘以概率来解决。道理和计算期望值是一样的。如果出现正面，则获得 100 元；如果出现反面，则获得 10 元，那么在正反面的出现概率都是 0.5 的掷硬币游戏中，期望值就是 $0.5 \times 100 + 0.5 \times (-10) = 45$ 元。只要能定义行动概率，那么让根据行动结果得到的奖励（立即奖励）乘以行动概率，就能得到期望值。这里介绍两种定义智能体的行动的方法：

- 智能体基于策略进行行动选择；
- 智能体基于价值最大化进行行动选择。

在基于策略 π 选择行动的情况下，假设状态是 s，行动是 a，那么行动概率就是 $\pi(a|s)$。从迁移函数得到 $T(s'|s, a)$，然后可以得到迁移后的状态 s'（s' 表示迁移后的状态，当从 s_t 开始迁移时，s' 是 s_{t+1}；当从 s_{t+1} 开始迁移时，s' 是 s_{t+2}，以此类推，如图 2-1 所示）。

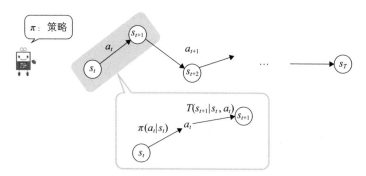

图 2-1 基于策略进行行动选择时的状态迁移

从状态 s 开始基于策略 π 进行行动选择，得到的价值为 $V_\pi(s)$。这个 $V_\pi(s)$ 和价值 G_t 一样，也可以通过递归的形式进行定义：

$$V_\pi(s_t) = E_\pi[r_{t+1} + \gamma V_\pi(s_{t+1})]$$

其中，E 是期望值。在掷硬币的例子中，我们将奖励和概率相乘来得到期望值，与之类似，也可以将价值 $r_{t+1} + \gamma V_\pi(s_{t+1})$ 与行动概率 $\pi(a|s)$、迁移概率 $T(s'|s, a)$ 相乘来得到期望值。如果用奖励函数 $R(s, s')$ 来表示奖励，那么期望值 $V_\pi(s_t)$ 可以写成：

$$V_\pi(s) = \sum_a \pi(a|s) \sum_{s'} T(s'|s, a)[R(s, s') + \gamma V_\pi(s')]$$

通过把价值以递归以及期望值的方式表示，我们解决了之前提到的两个问题。这个数学式就叫作**贝尔曼方程**（Bellman Equation）。

在基于价值最大化选择行动的情况下，也可以对贝尔曼方程进行变换，得到新的价值公式：

$$V(s) = \max_a \sum_{s'} T(s'|s, a)[R(s, s') + \gamma V(s')]$$

此时，就不再是基于策略，而是基于价值最大化来选择行动。

当奖励只取决于状态 $R(s)$ 时，价值公式可以写成：

$$V(s) = R(s) + \gamma \max_a \sum_{s'} T(s'|s, a)V(s')$$

上一章的迷宫那种基于环境决定奖励的情况就属于这一种。本章将继续使用迷宫环境，所以以下面用 $R(s)$ 参与计算。

"是基于策略选择行动，还是基于价值选择行动"，这是对强化学习中的方法进行分类时的一个重要依据。前者叫作**基于策略的方法**，后者叫作**基于价值的方法**。

如前所述，强化学习要学习的是行动的评价方法和行动的选择方法（策略）。只学习行动的评价方法，根据评价来决定行动的方法属于基于价值的方法；而根据策略来决定行动，在评价和更新时才用到行动的评价的方法属于基于策略的方法。基于价值和基于策略的观点在本书后文中还会出现，因此请牢记这两个概念。

让我们来看一看如何用代码实现计算 $V(s)$ 的过程, 这里采用了基于价值的贝尔曼方程。示例代码来自文件 DP/bellman_equation.py。

代码清单 2-1

```
def V(s, gamma=0.99):
    V = R(s) + gamma * max_V_on_next_state(s)
    return V


def R(s):
    if s == "happy_end":
        return 1
    elif s == "bad_end":
        return -1
    else:
        return 0


def max_V_on_next_state(s):
    # 如果游戏结束, 则期望值是0
    if s in ["happy_end", "bad_end"]:
        return 0

    actions = ["up", "down"]
    values = []
    for a in actions:
        transition_probs = transit_func(s, a)
        v = 0
        for next_state in transition_probs:
            prob = transition_probs[next_state]
            v += prob * V(next_state)
        values.append(v)
    return max(values)
```

价值 V 的定义和公式中的 $V(s)$ 一样。奖励函数 R 在回合结束("happy_end" 或 "bad_end")时会返回 1、-1 或 0。max_V_on_next_state 则如其函数名所示, 计算所有行动对应的价值 V, 并返回最大值 max(values)。V 的计算和公式中一样, 即迁移概率乘以迁移后的价值(prob * V(next_state))。

用于计算迁移概率的迁移函数 transit_func 的代码实现如下所示。

代码清单 2-2

```python
def transit_func(s, a):
    """
    Make next state by adding action str to state.
    ex: (s = 'state', a = 'up') => 'state_up'
        (s = 'state_up', a = 'down') => 'state_up_down'
    """

    actions = s.split("_")[1:]
    LIMIT_GAME_COUNT = 5
    HAPPY_END_BORDER = 4
    MOVE_PROB = 0.9


    def next_state(state, action):
        return "_".join([state, action])

    if len(actions) == LIMIT_GAME_COUNT:
        up_count = sum([1 if a == "up" else 0 for a in actions])
        state = "happy_end" if up_count >= HAPPY_END_BORDER \
                            else "bad_end"
        prob = 1.0
        return {state: prob}
    else:
        opposite = "up" if a == "down" else "down"
        return {
            next_state(s, a): MOVE_PROB,
            next_state(s, opposite): 1 - MOVE_PROB
        }
```

反复执行 up 和 down，5 次行动后结束。在结束时，如果 up 大于等于 HAPPY_END_BORDER，则返回 "happy_end"，否则返回 "bad_end"。关于迁移概率，所选择的行动被执行的概率是 MOVE_PROB，相反的行动被执行的概率是 1 - MOVE_PROB。

最后，我们计算一下价值 $V(s)$。

代码清单 2-3

```
if __name__ == "__main__":
    print(V("state"))
    print(V("state_up_up"))
    print(V("state_down_down"))
```

因为当最终 up 的数量较多时，对整体奖励是有益的，所以当 up 的数量较多时，得分也会变高。如下的代码执行结果和我们预想的一样（从上到下分别是 V("state")、V("state_up_up")、V("state_down_down")）。

代码清单 2-4

```
> python DP/bellman_equation.py
0.7880942034605892
0.9068026334400001
-0.96059601
```

用贝尔曼方程可以计算各种状态下的价值。但是，在使用基于价值的贝尔曼方程计算价值时，迁移后的价值必须已经计算结束（图 2-2）。这是因为，行动是基于价值最大化来选择的，要想得到最大化的结果，就必须把所有价值计算完毕才行。

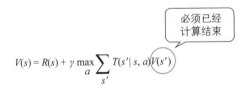

$$V(s) = R(s) + \gamma \max_a \sum_{s'} T(s' \mid s, a) V(s')$$

必须已经
计算结束

图 2-2　计算基于价值的贝尔曼方程的前提

在解释代码时，我们提到了"计算所有行动对应的价值 v"，但是在状态数量较多的情况下，这样一个一个地计算是非常困难的。动态规划法可以给 $V(s')$ 设定一个适当的值，并经过多次计算将这个值的精度提高。这样的计算之所以可以实现，是因为我们以递归的形式定义了数学式。另外，经过多次计算，值的精度会提高，也就是接近最优解，这一点是可以证明的。本书不对证明的部分着墨，感兴趣的读者可以参考 UCL Course on RL 中的 Lecture 3。

从下一节开始，我们将基于动态规划法来选择最优的行动。下面将首先介绍只依赖价值来选择行动的基于价值的方法，然后介绍将价值用于策略评价的基于策略的方法。

另外，动态规划法的应用非常广泛，并非仅限于强化学习。后文讲解的是（偏向强化学习的）狭义上的动态规划法，这一点请读者明白。

2.2 基于动态规划法的价值近似的学习：价值迭代

基于价值的方法的思路是计算出各种状态下的价值，然后迁移到价值最大的状态。利用动态规划法来计算各种状态下的价值（对价值近似进行学习）的方法叫作**价值迭代**（value iteration）。

前面提到，在用贝尔曼方程计算价值时，多次迭代可以提高值的精度，这就是用到了价值迭代，如下所示：

$$V_{i+1}(s) \stackrel{\text{def}}{=} \max_a \{\sum_{s'} T(s'|s, a)[R(s) + \gamma V_i(s')]\}$$

其中，V_{i+1} 是利用前一次（第 i 次）的结果 V_i 计算得到的。换句话说，迁移后的价值可以通过 V_i 得到（$V_i(s')$）。在判断"是否已经接近正确的值"时，只要判断前后两次的差值 $|V_{i+1}(s) - V_i(s)|$ 是否小于某个阈值即可。如果小于，就不再进行更新。

让我们看一看实际的代码实现，示例代码来自文件 DP/planner.py。

首先定义各种方法（价值迭代和下一节要介绍的策略迭代）的基础——Planner。

代码清单 2-5

```python
class Planner():

    def __init__(self, env):
        self.env = env
        self.log = []

    def initialize(self):
        self.env.reset()
        self.log = []

    def plan(self, gamma=0.9, threshold=0.0001):
        raise Exception("Planner have to implements plan method.")

    def transitions_at(self, state, action):
        transition_probs = self.env.transit_func(state, action)
        for next_state in transition_probs:
            prob = transition_probs[next_state]
            reward, _ = self.env.reward_func(next_state)
            yield prob, next_state, reward

    def dict_to_grid(self, state_reward_dict):
        grid = []
        for i in range(self.env.row_length):
            row = [0] * self.env.column_length
            grid.append(row)
        for s in state_reward_dict:
            grid[s.row][s.column] = state_reward_dict[s]

        return grid
```

plan 是价值迭代和策略迭代都要实现的方法。transitions_at 是迁移函数 $T(s'|s, a)$ 的代码实现。如迁移函数的定义所示，输入状态和行动的组合，得到下一次迁移后的状态、迁移概率。另外，通过奖励函数可得到迁移后的状态对应的奖励。yield 是生成器，可以做到在使用 for 循环时每次读取一个值。

下面是继承 Planner 后的 ValueIterationPlanner 的实现。

代码清单 2-6

```python
class ValueIterationPlanner(Planner):

    def __init__(self, env):
        super().__init__(env)

    def plan(self, gamma=0.9, threshold=0.0001):
        self.initialize()
        actions = self.env.actions
        V = {}
        for s in self.env.states:
            # 初始化各种状态的期望奖励
            V[s] = 0

        while True:
            delta = 0
            self.log.append(self.dict_to_grid(V))
            for s in V:
                if not self.env.can_action_at(s):
                    continue
                expected_rewards = []
                for a in actions:
                    r = 0
                    for prob, next_state, reward in self.transitions_
                                                at(s, a):
                        r += prob * (reward + gamma * V[next_state])
                    expected_rewards.append(r)
                max_reward = max(expected_rewards)
                delta = max(delta, abs(max_reward - V[s]))
                V[s] = max_reward

            if delta < threshold:
                break

        V_grid = self.dict_to_grid(V)
        return V_grid
```

plan 是处理的中心。变量 V 是各种状态的价值，一开始要初始化为 0
（ V[s] = 0 ）。

然后持续进行更新，直到价值更新的幅度 delta 小于 threshold 为
止。对各种状态下的各种行动计算对应的价值，找到最大值后进行更新。

前面已经介绍过价值迭代的定义，迁移后的价值可以通过前一次的计算结果 v 得到（V[next_state] = $V_i(s')$）。

至此，我们就用代码实现了价值迭代。可以看到，代码和数学式基本是一致的，而且只需短短几行代码就可以完成。下面，我们看一下实际效果如何。首先要确认之前生成的虚拟环境是有效的，然后在示例代码的文件夹内执行下面的命令。

代码清单 2-7

```
python DP/run_server.py
```

在执行命令后，应用程序会自动创建。访问 http://localhost:8888/，应该可以看到如图 2-3 所示的画面。

动态规划模拟器

图 2-3 可以确认动态规划法计算结果的应用程序

我们可以在这个应用程序中确认动态规划法的执行结果。如图 2-3 所示，通过 Area 指定行和列，按下 Draw 按钮，就可以创建指定大小的迷宫。选中迷宫内的格子，然后点击 Cell Setting 下的 Treasure、Danger 或 Block 按钮，就可以设定格子的状态。Treasure 设置的是到达后增加奖励的格子（终点），Danger 设置的是到达后减少奖励的格子（终点），Block 设置的是智能体无法向其移动的格子。在迷宫的设置结束后，在 Simulation 中选择 Value Iteration（价值迭代）和 Policy Iteration（策略迭代）中的一个，并按下按钮，就可以得到使用相应的算法计算得到的结果。我们先试着按下 Value Iteration 按钮，查看一下计算结果（图 2-4）。

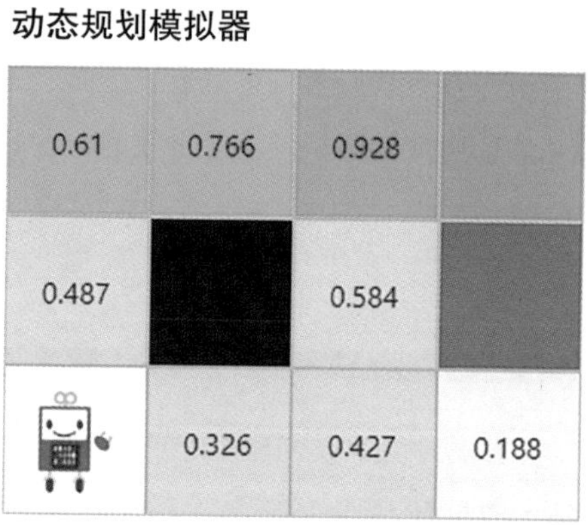

动态规划模拟器

图 2-4 价值迭代的执行结果

计算的过程是以动画形式显示的。更改迷宫的大小和终点位置，计算结果会产生相应的变化。大家可以动手试一试。

2.3 基于动态规划法的策略的学习：策略迭代

基于策略的方法的思路是智能体根据策略来选择行动。策略可以根据状态输出行动概率，由行动概率来计算价值（期望值）。根据策略计算价值，为了让价值最大化而更新策略——不断重复这个过程，就可以提高价值近似和策略的精度，这个不断重复的过程叫作**策略迭代**（policy iteration）。

我们看一下策略迭代的代码实现。`PolicyIterationPlanner` 的代码实现如下所示。

代码清单 2-8

```python
class PolicyIterationPlanner(Planner):

    def __init__(self, env):
        super().__init__(env)
        self.policy = {}
```

```
def initialize(self):
    super().initialize()
    self.policy = {}
    actions = self.env.actions
    states = self.env.states
    for s in states:
        self.policy[s] = {}
        for a in actions:
            # 初始化策略
            # 一开始时各种行动的概率都是一样的
            self.policy[s][a] = 1 / len(actions)
```

initialize 的作用是对 policy（策略）进行初始化。policy 是一个变量，用于保存不同状态下的行动概率。一开始时各种行动的概率都是相等的。

策略迭代基于策略来计算价值，这个计算过程通过下面的 estimate_by_policy 实现。

代码清单 2-9

```
def estimate_by_policy(self, gamma, threshold):
    V = {}
    for s in self.env.states:
        # 初始化各种状态的期望奖励
        V[s] = 0

    while True:
        delta = 0
        for s in V:
            expected_rewards = []
            for a in self.policy[s]:
                action_prob = self.policy[s][a]
                r = 0
                for prob, next_state, reward in self.transitions_
                                                 at(s, a):
                    r += action_prob * prob * \
                         (reward + gamma * V[next_state])
                expected_rewards.append(r)
            value = sum(expected_rewards)
            delta = max(delta, abs(value - V[s]))
            V[s] = value
```

```
        if delta < threshold:
            break

    return V
```

estimate_by_policy 的价值计算与 ValueIterationPlanner（代码
清单 2-6）大致一样，不一样的地方在于乘以 action_prob 的部分（r +=
action_prob * prob * (reward + gamma * V[next_state])）。价值
迭代一定会选择价值最大时的行动，所以选择的概率为 1（action_
prob=1）；策略迭代则基于策略概率性地选择行动。二者的差别就在于是
否乘以 action_prob。

可以看到，基于策略的贝尔曼方程，其数学式和代码非常吻合：

$$V_\pi(s) = \sum_a \pi(a \mid s) \sum_{s'} T(s' \mid s, a)[R(s, s') + \gamma V_\pi(s')]$$

通过 estimate_by_policy 计算得到的结果将用于策略的评价。基于
这一点，根据策略得到价值（estimate_by_policy）也叫作策略评价
（policy evaluation）。进行评价的部分是通过下面的 plan 实现的。

代码清单 2-10

```
def plan(self, gamma=0.9, threshold=0.0001):
    self.initialize()
    states = self.env.states
    actions = self.env.actions

    def take_max_action(action_value_dict):
        return max(action_value_dict, key=action_value_dict.get)

    while True:
        update_stable = True
        # 在当前的策略下估计期望奖励
        V = self.estimate_by_policy(gamma, threshold)
        self.log.append(self.dict_to_grid(V))

        for s in states:
```

```
        # 在当前的策略下得到行动
        policy_action = take_max_action(self.policy[s])

        # 与其他行动比较
        action_rewards = {}
        for a in actions:
            r = 0
            for prob, next_state, reward in self.transitions_at(s, a):
                r += prob * (reward + gamma * V[next_state])
            action_rewards[a] = r
        best_action = take_max_action(action_rewards)
        if policy_action != best_action:
            update_stable = False

        # 更新策略（设置best_action prob=1, otherwise=0（贪婪））
        for a in self.policy[s]:
            prob = 1 if a == best_action else 0
            self.policy[s][a] = prob

    if update_stable:
        # 如果策略没有更新，则停止迭代
        break

# 将字典转换为二维数组
V_grid = self.dict_to_grid(V)
return V_grid
```

plan 使用 estimate_by_policy 的计算结果来计算各种行动的价值
(r += prob * (reward + gamma * V[next_state]))。价值最高的行
动叫作 best_action (best_action = take_max_action(action_
rewards))。如果基于当前的策略计算得到的 policy_action 和 best_
action 不一样，就选择 best_action 来更新策略。如果不执行更新，说
明策略已经达到最优，更新也会停止。

当策略被更新时，基于策略计算得到的价值的值也会被更新。因此，
从整体来看，价值的计算（ estimate_by_policy ）和策略的更新（ self.
policy[s][a] = prob ）会不断反复。这种相互更新就是策略迭代的核
心，由此，价值近似（ V ）和策略（ self.policy ）二者被学习。

策略迭代也可以用前面介绍的模拟器（应用程序）确认计算结果。比起价值迭代，策略迭代有不需要计算所有状态对应的价值的优点，但同时也有缺点，即每当策略更新时，都要重新计算价值。因此，哪种方法能更快收敛要视具体问题而定。

至此，关于如何用动态规划法对上一章中的迷宫进行求解的介绍就结束了。本章介绍了价值的定义、价值近似的学习和策略的学习。让我们来复习一下这些内容。

在介绍价值的定义时，我们解决了上一章中定义的价值面临的两个问题，即需要知道将来的立即奖励的值，以及这个值必须能够通过计算得到。第 1 个问题是用递归的方式解决的，第 2 个问题是通过引入概率（期望值）的方式解决的。解决这两个问题时用到了贝尔曼方程。

价值近似的学习和策略的学习分别指基于价值的方法和基于策略的方法。这两种方法的前提是不一样的，基于价值的方法只根据价值的值来选择行动，基于策略的方法则是根据策略选择行动。因此，基于价值的方法只要学习价值的计算（价值近似）即可，而基于策略的方法要同时学习价值的计算和策略两个方面。这是为了使用价值对现在的策略进行评价，从而决定是否更新。

之后我们介绍了实际进行学习的动态规划法。动态规划法是基于模型的方法的一种，必须在已知迁移函数和奖励函数的时候才能使用。动态规划法的要点是记忆化，在贝尔曼方程的递归计算部分利用前一次的计算结果（缓存 = 记忆）进行计算。基于价值的方法是通过价值迭代来实现的，而基于策略的方法是通过策略迭代来实现的。

接下来，我们介绍基于模型的方法和无模型的方法的区别。

2.4　基于模型的方法和无模型的方法的区别

对于本章中的动态规划法的代码实现，可能有些读者会感到不自然。

这个不自然应该是来自"智能体根本没有移动"这一点。下面是上一章中实现的环境的代码。

代码清单 2-11

```python
class Environment():

    def __init__(self, grid, move_prob=0.8):
        # grid是一个二维数组，它的值可以看作属性
        # 一些属性的情况如下
        #  0：普通格子
        #  -1：有危险的格子（游戏结束）
        #  1：有奖励的格子（游戏结束）
        #  9：被屏蔽的格子（无法放置智能体）
        self.grid = grid
        self.agent_state = State()

        # 默认的奖励是负数，就像施加了初始位置惩罚
        # 这意味着智能体必须快速到达终点
        self.default_reward = -0.04

        # 智能体能够以move_prob的概率向所选方向移动
        # 如果概率值在(1-move_prob)内
        # 则意味着智能体将移动到不同的方向
        self.move_prob = move_prob
        self.reset()
```

在动态规划法的实现中，完全没有用到表示智能体位置的 self.agent_state。如本章章名中的"根据环境制订计划"所示，智能体一步也不用移动，只依靠环境的信息就能找到最优的计划（策略）。之所以能做到这一点，是因为迁移函数和奖励函数是已知的。只要有迁移函数和奖励函数，我们就能在不移动智能体的情况下进行模拟，找到最优解。如果实际移动智能体的花销很大，或者环境中很容易产生噪声，那么基于模型的方法是一个很好的选择（比如在室外操作无人机的情况）。但是，要对迁移函数和奖励函数进行适当的建模才行。

与基于模型的方法相反，无模型的方法则通过实际使智能体移动，根

据经验来制订计划。这种方法虽然有点不智能，但有一个优点，就是也适用于没有迁移函数和奖励函数的环境。关于无模型的方法，我们将在下一章进行介绍。

一般来说，无模型的方法使用得更多一些。这是因为，已知迁移函数和奖励函数的情况，或者能够对它们进行建模的情况在现实中并不常见。但是，随着表现力较强的深度学习的登场，能够建模的情况逐渐增加，这几年针对基于模型的方法的研究也多了起来。如前所述，如果能够使用基于模型的方法，就可以实现比无模型的方法更高的学习效率。

基于模型和无模型并不是对立的方法，二者也可以同时使用，由此来综合两种方法的优点，并掩盖缺点。第 6 章会介绍同时使用二者的情况。在提高强化学习的稳定性方面，以无模型的方法为主、以基于模型的方法为辅的做法是很有效的。

第**3**章

强化学习的解法 (2)：
根据经验制订计划

本章将讲解无模型的方法，这是一种智能体通过自身采取行动来积累经验，并根据经验进行学习的方法。与上一章不同的是，本章是以环境信息（迁移函数和奖励函数）未知为前提的。

在利用通过行动积累的经验时，需要研究以下 3 点：

1. 平衡经验的积累与利用；

2. 是根据实际奖励还是预测来修正计划；

3. 用经验来更新价值近似还是策略。

第 1 点是平衡经验的积累与利用。由于现在迁移函数未知，所以智能体能够以多大的概率进行状态迁移也不可知。也就是说，即使智能体与上一次处于同样的状态，采取同样的行动，也可能得到不同的结果。为了对其进行正确估计，有必要积累大量的经验。

而如果不能"利用"经验，也就无法得到奖励。就好比三思而后行，三思的过程就是经验的积累过程，然而如果始终不行动（利用），则依然无法达到目标。是积累经验还是利用经验，如何对二者进行平衡，这是第 1 个问题。

第2点中的"实际奖励"是指立即奖励的总和。在根据实际奖励来修正计划的情况下，为了确定智能体在最终时刻的奖励总和，必须在回合结束时进行修正；而在根据预测来修正计划的情况下，在智能体状态迁移的过程中也可以进行修正。前者必须等到回合结束时，才能根据强化学习想要最大化的实际奖励的总和来进行修正，而后者可以立即根据预测来进行修正。

不过，"是根据实际奖励还是预测来修正计划"这一讨论只在回合能够结束的情况下成立。这是因为，强化学习有时也要处理回合不结束（状态的迁移持续不断）的环境。回合能够结束的情况称为**回合制任务**（episodic task）；回合不能结束、持续不断的情况称为**连续性任务**（continuing task）。在后者的情况下，由于回合的实际奖励无法确定，所以根据实际奖励进行修正的方式也就无从谈起。本书中一般以回合制任务为前提进行介绍，对连续性任务感兴趣的读者可以参考《强化学习（第2版）》一书中的相关章节。

第3点就是在上一章中提到的基于价值和基于策略的观点。在基于价值的观点下，经验用于价值近似的更新；在基于策略的观点下，经验用于策略的更新。另外，实际上存在两者都更新的方式。后文将介绍这种方法。

以上3点都有相互对应的关系，如图3-1所示。

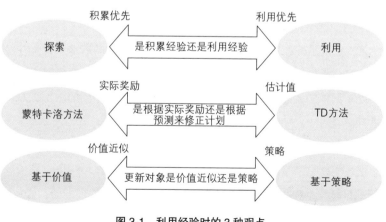

图3-1 利用经验时的3种观点

通过阅读本章，我们可以明白以下 3 点：

- 利用经验时的 3 种观点；
- 各个观点的对应关系；
- 实现各个观点的代表性方法。

下面就让我们来具体地看一下。

3.1　平衡经验的积累与利用：Epsilon-Greedy 算法

本节将首先讲解经验积累与利用的折中，然后介绍用于折中的 Epsilon-Greedy 算法，在介绍 Epsilon-Greedy 算法时，也会进行代码实现。

在环境信息（迁移函数和奖励函数）未知的情况下，可以通过自身行动来调查状态迁移或得到的奖励。在以调查为目的的情况下，应尽可能地在各种状态下采取各种行动，而这与原本的"奖励最大化"的目标不尽相同。这正如在角色扮演游戏中，构建洞窟的完整地图与尽早逃离洞窟是两个不同的目标一样。

应该采取多少以调查为目标的行动，多少以奖励最大化为目标的行动呢？这就是所谓的**探索与利用的折中**（exploration-exploitation trade-off）问题。在能够采取无穷多行动的情况下，彻底探索之后再利用会更好，然而在许多情况下，采取的行动总数存在限制。例如有几台设置不同的老虎机，在期望得到最多硬币的情况下，能够玩的回合数由余额决定。因此，有必要慎重考虑设置多少预算用于调查（探索），多少预算用于玩老虎机（取决于调查的结果）来获得硬币。

Epsilon-Greedy 就是用于平衡折中的方法，它以 Epsilon 为概率采取行动进行"探索"，此外的行动（Greedy 行动）用于"利用"。如果 Epsilon 值为 0.2，则 20% 的概率用于探索，80% 的概率用于利用。这个算法虽然很简单，但是直到如今仍然在使用。

　　下面让我们进行 Epsilon-Greedy 算法的实现。这次考虑这样的游戏：从一些硬币中选出一枚硬币，掷出正面朝上就可以获得奖励。各枚硬币正面朝上的概率各不相同，因此为了奖励最大化，尽早通过"探索"发现正面朝上概率高的硬币，通过"利用"投掷大量这样的硬币至关重要。这样的问题就称为**多臂老虎机问题**（multi-armed bandit problem）。

　　首先让我们进行掷硬币游戏的代码实现。

代码清单 3-1

```python
import random
import numpy as np


class CoinToss():

    def __init__(self, head_probs, max_episode_steps=30):
        self.head_probs = head_probs
        self.max_episode_steps = max_episode_steps
        self.toss_count = 0

    def __len__(self):
        return len(self.head_probs)

    def reset(self):
        self.toss_count = 0

    def step(self, action):
        final = self.max_episode_steps - 1
        if self.toss_count > final:
            raise Exception("The step count exceeded maximum. \
                            Please reset env.")
        else:
            done = True if self.toss_count == final else False

        if action >= len(self.head_probs):
            raise Exception("The No.{} coin doesn't exist.".
                            format(action))
        else:
            head_prob = self.head_probs[action]
            if random.random() < head_prob:
                reward = 1.0
            else:
```

```
        reward = 0.0
self.toss_count += 1
return reward, done
```

head_probs 是数组参数，用于指定各枚硬币正面朝上的概率。比如 [0.1, 0.8, 0.3] 意思是在使用 3 枚硬币的游戏中，正面朝上的概率分别为 0.1、0.8 和 0.3。

max_episode_steps 是指硬币投掷次数，当 self.toss_count 达到这个数值时，游戏（回合）结束。

由 step 投掷通过 action 选择的硬币。根据 self.head_probs[action] 取出通过 action 选择的硬币所对应的 head_prob，在 random.random() < head_prob 的情况下，硬币掷出正面，奖励为 1。

下面创建基于 Epsilon-Greedy 算法行动的智能体（EpsilonGreedy-Agent）。在创建该智能体时需要指定 epsilon。self.V 是用于保存各枚硬币的期望值的变量。各枚硬币的期望值根据实际投掷硬币的结果（探索的结果）进行计算。

policy 是 Epsilon-Greedy 算法的实现。以 epsilon 为概率随机选择硬币（探索），其他情况下按照各枚硬币的期望值来选择（利用）。np.argmax 是一个很方便的函数，能够返回数组中值最大的元素的索引。在代码实现中，通过 np.argmax 选择了期望值最大的硬币的序号。

play 执行的是实际进行掷硬币游戏的处理。因为期望值通过奖励除以投掷次数来计算，所以使用 N 记录各枚硬币的投掷次数。当前得到的奖励为 reward，在此之前的奖励可以通过期望值（self.V[selected_coin]）乘以投掷次数（N[selected_conin]）计算。两者的合计值就是截至此刻的总奖励。此外，将合计值除以投掷次数，还能得到更新后的平均奖励，具体计算公式为 new_average = (coin_average * n + reward) / (n + 1)。得到的奖励保存在 rewards 变量中。rewards 的合计值也就是回合中所有奖励的总和。

代码清单 3-2

```python
class EpsilonGreedyAgent():

    def __init__(self, epsilon):
        self.epsilon = epsilon
        self.V = []

    def policy(self):
        coins = range(len(self.V))
        if random.random() < self.epsilon:
            return random.choice(coins)
        else:
            return np.argmax(self.V)

    def play(self, env):
        # 初始化估计值
        N = [0] * len(env)
        self.V = [0] * len(env)

        env.reset()
        done = False
        rewards = []
        while not done:
            selected_coin = self.policy()
            reward, done = env.step(selected_coin)
            rewards.append(reward)

            n = N[selected_coin]
            coin_average = self.V[selected_coin]
            new_average = (coin_average * n + reward) / (n + 1)
            N[selected_coin] += 1
            self.V[selected_coin] = new_average

        return rewards
```

下面实际执行一下。

代码清单 3-3

```python
if __name__ == "__main__":
    import pandas as pd
    import matplotlib.pyplot as plt
```

```
def main():
    env = CoinToss([0.1, 0.5, 0.1, 0.9, 0.1])
    epsilons = [0.0, 0.1, 0.2, 0.5, 0.8]
    game_steps = list(range(10, 310, 10))
    result = {}
    for e in epsilons:
        agent = EpsilonGreedyAgent(epsilon=e)
        means = []
        for s in game_steps:
            env.max_episode_steps = s
            rewards = agent.play(env)
            means.append(np.mean(rewards))
        result["epsilon={}".format(e)] = means
    result["coin toss count"] = game_steps
    result = pd.DataFrame(result)
    result.set_index("coin toss count", drop=True, inplace=True)
    result.plot.line(figsize=(10, 5))
    plt.show()

main()
```

我们使用写好的代码来确认一下平衡探索与利用的重要性。具体而言，通过设置不同的epsilon，能够看到硬币投掷次数与奖励的关系。一般而言，投掷次数越多，探索越充分，每次利用得到的奖励应该越接近 1。然而，在过度探索导致利用次数很少的情况下，以及在过度利用导致一直无法进行正确的估计的情况下，结果则并非如此。

那么，让我们来实验一下。准备 5 枚硬币（env = CoinToss([0.1, 0.5, 0.1, 0.9, 0.1])），改变epsilon值（for e in epsilon），并记录每次投掷各枚硬币时获得的奖励（for s in game_steps）。奖励使用的是各个回合的平均奖励（np.mean(rewards)）。各个 epsilon 对应的奖励如图 3-2 所示。横轴为投掷硬币的次数，纵轴是每次投掷获得的奖励。

由图 3-2 可知，在更偏向于探索的 epsilon = 0.5 和 epsilon = 0.8，以及仅进行利用的 epsilon = 0.0 的情况下，随着硬币投掷次数的增加，所获得的奖励与最初的奖励几乎没有差别。特别是在完全不探索的 epsilon = 0.0

的情况下，所获得的奖励非常低。另外，能够看到在 epsilon = 0.1 和 epsilon = 0.2 的情况下，随着硬币投掷次数的增加，所获得的奖励也有所提高。

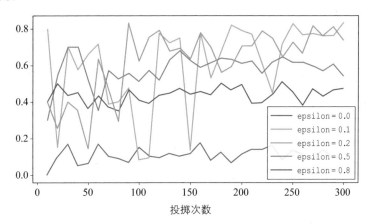

图 3-2　根据 epsilon 的不同，每次投掷获得的奖励不同

　　epsilon 的取值常常在 0.1 左右，但是不同的环境下合适的取值也不同。此外，有时也会使用随着学习的进行而使 epsilon 逐步下降的方法，即前期采用探索优先的方式来积累经验，后期采用利用优先的方式来获得奖励。这部分将在第 4 章中实现。实现探索与利用之间的良好平衡，与实现奖励最大化紧密相关。

3.2　是根据实际奖励还是预测来修正计划：蒙特卡洛方法和时序差分学习

　　本节将讲解如何权衡根据实际奖励来修正行动的情况和根据预测来修正行动的情况，并介绍前者对应的**蒙特卡洛方法**（Monte Carlo Methods）和后者对应的**时序差分学习**（Temporal Difference Learning，以下简称 **TD 方法**），以及介于两者之间的 Multi-step Learning 和 TD(λ) 方法。

　　在回合结束后，根据所获得的奖励总和进行修正是非常简单的方法。

但是，在这种情况下，在回合结束前无法进行修正。这意味着即使知道了不是最优的行动，也不得不进行到回合结束。

在根据预测进行修正的情况下，不用等到回合结束即可对行动进行修正。由此虽然避免了修正之前的行动一直持续下去，但由于是根据当前的估计值来进行修正的，所以修正的准确性会有所不足。

总之，是根据实际奖励还是根据预测来修正的观点，可以说是对修正的准确性和修正的及时性的折中。根据实际奖励进行的修正在一个回合结束之后进行，而如果优先及时性，则在每次行动之后即可进行修正。根据一个回合的实际奖励进行修正的方法称为蒙特卡洛方法，而在每次行动之后根据预测进行修正的方法称为 TD 方法（严格来说是 TD(0)），两种方法的差异如图 3-3 所示。TD 方法（TD(0)）在每一步（step）进行修正，而蒙特卡洛方法使用回合结束时的结果进行修正。

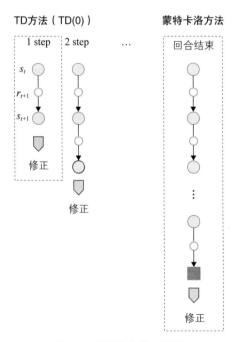

图 3-3　进行修正的时间段

　　下面将介绍基于经验的修正是如何进行的。图 3-4 所示为从状态 s 迁移到状态 s'，获得立即奖励 r 的状态迁移过程。这里，智能体在行动前的时刻 t 持有状态 s 的估计值 $V(s)$。在实际行动之后，获得立即奖励 r，并迁移到新状态 s'。也就是说，由估计值 $V(s)$ 实际上得到了 $r+\gamma V(s')$（立即奖励 + 折扣率 × 迁移后的价值）。

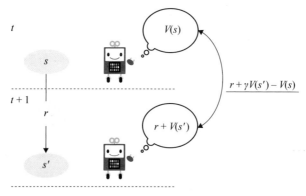

图 3-4　价值的差异

　　估计值与实际值之间的差异 $r+\gamma V(s')-V(s)$ 就是误差。由于这个误差也可以说是时刻 t 和时刻 $t+1$ 之间的差异，所以称为 **TD 误差**（Temporal Difference Error）。这就是上文所说的"经验"的本质。

　　而根据经验进行修正就是用于缩小这个误差的处理过程。具体而言，如下进行价值的更新：

$$V(s) \leftarrow V(s) + \alpha[r + \gamma V(s') - V(s)]$$

　　为了平衡当前的估计值与实际价值，这里导入了一个叫作**学习率**（α）的系数。在学习率为 1 的情况下，$V(s)$ 完全被替换为实际的价值（$r+\gamma V(s')$）。

　　另外，在这个例子中展示的是时刻 t 与时刻 $t+1$ 的差异，这个差异可能会随着时刻 $t+2$、$t+3$……而不断变大。随着差异变大，只要得到实际的立即奖励 r，并一直进行到回合结束，也就不再需要迁移后的价值 $V(s')$ 了。这就是蒙特卡洛方法。比较一下 TD 方法与蒙特卡洛方法进行更新的数学式，就很容易理解它们的不同了。

TD 方法

$$V(s_t) \leftarrow V(s_t) + \alpha[r_{t+1} + \gamma V(s_{t+1}) - V(s_t)]$$

蒙特卡洛方法（在时刻 T 结束回合）

$$V(s_t) \leftarrow V(s_t) + \alpha[(r_{t+1} + \gamma r_{t+2} + \gamma^2 r_{t+3} + \cdots + \gamma^{T-t-1} r_T) - V(s_t)]$$

当然也可以考虑将用于修正的时间段设定为大于 1 且小于 T 的值，这就是被称为 Multi-step Learning 的方法。Multi-step Learning 多使用 2 step 或 3 step。

还有一种不固定 step 的数量，而是组合多个 step 的方法，称为 TD(λ) **方法**。如图 3-5 所示，对于各个 step 的实际价值，通过乘以系数 λ 并计算合计值，得到总价值。

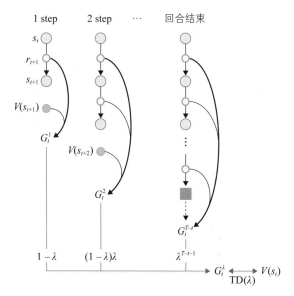

图 3-5　TD(λ) 的计算方法

进行 1 step 后对应的价值、进行 2 step 后对应的价值……进行到回合结

束的时刻 T 时对应的价值可以分别通过以下方式计算：

$$1\text{ step：}G_t^1 = r_{t+1} + \gamma V(s_{t+1})$$
$$2\text{ step：}G_t^2 = r_{t+1} + \gamma r_{t+2} + \gamma^2 V(s_{t+2})$$
$$\vdots$$
$$\text{回合结束：}G_t^{T-t} = r_{t+1} + \gamma r_{t+2} + \cdots + \gamma^{T-t-1} r_T$$

对各个 step 的实际价值乘以系数 λ 并计算合计值：

$$G_t^\lambda = (1-\lambda)\sum_{n=1}^{T-t-1}\lambda^{n-1}G_t^{(n)} + \lambda^{T-t-1}G_t^{(T-t)}$$

λ 是 0 和 1 之间的值，在 λ 等于 0 的情况（TD(0)）下，1 step 以外的行动的权重为 0（由于 $0^0=1$，所以只剩下 G_t^1）。这与 TD 方法等价。随着 λ 的增加，长 step 对应的经验更受重视。TD(1) 是只考虑进行到回合结束为止的价值（G_t^{T-t}）。这与蒙特卡洛方法等价。也就是说，通过调整 λ，能够调整重视多长的 step（实际价值）。

以上是理论上的讲解。从现在开始，让我们通过代码实现来加深理解。本节我们将实现蒙特卡洛方法和使用了 TD 方法的 **Q 学习**（Q-learning）方法。首先来实现智能体的基本类与环境类，示例代码来自文件 EL/el_agent.py。

代码清单 3-4

```
import numpy as np
import matplotlib.pyplot as plt

class ELAgent():

    def __init__(self, epsilon):
        self.Q = {}
        self.epsilon = epsilon
        self.reward_log = []

    def policy(self, s, actions):
        if np.random.random() < self.epsilon:
            return np.random.randint(len(actions))
        else:
```

```
        if s in self.Q and sum(self.Q[s]) != 0:
            return np.argmax(self.Q[s])
        else:
            return np.random.randint(len(actions))

def init_log(self):
    self.reward_log = []

def log(self, reward):
    self.reward_log.append(reward)
```

policy 是基于之前介绍的 Epsilon-Greedy 算法实现的。使用 epsilon 的概率进行随机行动（探索），在除此之外的情况下基于价值近似（self.Q）进行行动（利用）。self.Q 是不同状态下的行动对应的价值（行动价值）。self.Q[s][a] 就是在状态 s 下采取行动 a 时的价值。init_log 函数用于初始化智能体所获得的奖励的记录（self.reward_log）。奖励由 log 函数进行记录。记录下来的奖励通过以下的 show_reward_log 进行可视化。

代码清单 3-5

```
def show_reward_log(self, interval=50, episode=-1):
    if episode > 0:
        rewards = self.reward_log[-interval:]
        mean = np.round(np.mean(rewards), 3)
        std = np.round(np.std(rewards), 3)
        print("At Episode {} average reward is {} (+/-{}).".format(
            episode, mean, std))
    else:
        indices = list(range(0, len(self.reward_log), interval))
        means = []
        stds = []
        for i in indices:
            rewards = self.reward_log[i:(i + interval)]
            means.append(np.mean(rewards))
            stds.append(np.std(rewards))
        means = np.array(means)
        stds = np.array(stds)
        plt.figure()
        plt.title("Reward History")
        plt.grid()
```

```
plt.fill_between(indices, means - stds, means + stds,
                 alpha=0.1, color="g")
plt.plot(indices, means, "o-", color="g",
         label="Rewards for each {} episode".
         format(interval))
plt.legend(loc="best")
plt.show()
```

show_reward_log 在指定了 episode 的情况下在图形上显示 episode 对应的奖励，在没有指定的情况下显示到目前为止所获得的奖励。

接下来，我们准备本次使用的 FrozenLake-v0 环境类，示例代码来自文件 EL/frozen_lake_util.py。

FrozenLake-v0 是提供强化学习环境的 OpenAI Gym 包中收录的一个环境。在 4×4 的正方形迷宫中，到处都有陷阱，落入陷阱则游戏结束。如果能够不掉进陷阱而到达终点，则可以获得奖励。起点、终点和陷阱的位置设定如图 3-6 所示（S 是起点，G 是终点，H 是陷阱）。

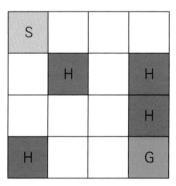

图 3-6　4×4 的 *FrozenLake-v0* 的设定

但是，正如 *FrozenLake* 这个名字一样，存在打滑的可能，朝着希望的方向前进的概率为 1/3。例如，在希望朝着上方前进的情况下，除了相反方向的下方以外，也可能以相同的概率朝着左方和右方前进。在默认设定下模型的学习过程很费时，因此这里设定为不会打滑。具体而言，register 定义了一个已经将打滑的设定（is_slippery）关闭的 FrozenLakeEasy-v0 环境，如下所示。

代码清单 3-6

```python
import numpy as np
import matplotlib.pyplot as plt
import matplotlib.cm as cm
import gym
from gym.envs.registration import register
register(id="FrozenLakeEasy-v0", entry_point="gym.envs.toy_
text:FrozenLakeEnv",
        kwargs={"is_slippery": False})


def show_q_value(Q):
    env = gym.make("FrozenLake-v0")
    nrow = env.unwrapped.nrow
    ncol = env.unwrapped.ncol
    state_size = 3
    q_nrow = nrow * state_size
    q_ncol = ncol * state_size
    reward_map = np.zeros((q_nrow, q_ncol))

    for r in range(nrow):
        for c in range(ncol):
            s = r * ncol + c
            state_exist = False
            if isinstance(Q, dict) and s in Q:
                state_exist = True
            elif isinstance(Q, (np.ndarray, np.generic))
                  and s < Q.shape[0]:
                state_exist = True

            if state_exist:
                # 在展示图中，纵向的序号是反转的
                _r = 1 + (nrow - 1 - r) * state_size
                _c = 1 + c * state_size
                reward_map[_r][_c - 1] = Q[s][0] # LEFT = 0
                reward_map[_r - 1][_c] = Q[s][1] # DOWN = 1
                reward_map[_r][_c + 1] = Q[s][2] # RIGHT = 2
                reward_map[_r + 1][_c] = Q[s][3] # UP = 3
                reward_map[_r][_c] = np.mean(Q[s]) # Center

    fig = plt.figure()
    ax = fig.add_subplot(1, 1, 1)
    plt.imshow(reward_map, cmap=cm.RdYlGn, interpolation="bilinear",
               vmax=abs(reward_map).max(), vmin=-abs(reward_map).max())
    ax.set_xlim(-0.5, q_ncol - 0.5)
```

```
ax.set_ylim(-0.5, q_nrow - 0.5)
ax.set_xticks(np.arange(-0.5, q_ncol, state_size))
ax.set_yticks(np.arange(-0.5, q_nrow, state_size))
ax.set_xticklabels(range(ncol + 1))
ax.set_yticklabels(range(nrow + 1))
ax.grid(which="both")
plt.show()
```

show_q_value 是用于将行动价值可视化的函数。作为参数的 Q 记录了各种状态（迷宫方阵）下的各种行动（向上下左右移动）的价值。为了将 Q 可视化，这里为每种状态构造如图 3-7 所示的 3×3 方阵（中央设定为平均值）。

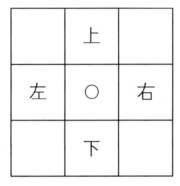

图 3-7　用于将各种状态下的各种行动可视化的 3×3 方阵

大家可以认为该函数将 4×4 的迷宫通过 3×3 方阵进行分区并可视化。

现在一切准备就绪，让我们首先来实现蒙特卡洛方法。

代码清单 3-7

```
import math
from collections import defaultdict
import gym
from el_agent import ELAgent
from frozen_lake_util import show_q_value

class MonteCarloAgent(ELAgent):

    def __init__(self, epsilon=0.1):
        super().__init__(epsilon)
```

```
def learn(self, env, episode_count=1000, gamma=0.9,
          render=False, report_interval=50):
    self.init_log()
    self.Q = defaultdict(lambda: [0] * len(actions))
    N = defaultdict(lambda: [0] * len(actions))
    actions = list(range(env.action_space.n))

    for e in range(episode_count):
        s = env.reset()
        done = False
        # 1. 进行到回合结束为止
        experience = []
        while not done:
            if render:
                env.render()
            a = self.policy(s, actions)
            n_state, reward, done, info = env.step(a)
            experience.append({"state": s, "action": a, "reward":
                               reward})
            s = n_state
        else:
            self.log(reward)

        # 2. 估计各种状态和行动
        for i, x in enumerate(experience):
            s, a = x["state"], x["action"]

            # 计算状态s对应的折现值
            G, t = 0, 0
            for j in range(i, len(experience)):
                G += math.pow(gamma, t) * experience[j]["reward"]
                t += 1

            N[s][a] += 1 # s, a 对数
            alpha = 1 / N[s][a]
            self.Q[s][a] += alpha * (G - self.Q[s][a])

        if e != 0 and e % report_interval == 0:
            self.show_reward_log(episode=e)
```

learn是用蒙特卡洛方法进行学习的函数。self.Q是之前介绍的用来记录行动价值的变量。N表示在某种状态下采取某种行动的次数，比如

N[s][a] 就是指在状态 s 下采取行动 a 的次数。使用 N 是为了计算平均价值。

　　由于蒙特卡洛方法是在回合结束后进行评价的，所以首先需要一直进行游戏，直到回合结束，由此可以知道在回合结束之前各种状态下得到的立即奖励。由于已经知道了立即奖励，所以使用第 1 章中定义的价值公式即可对各种状态的价值进行计算：

$$G_t \overset{\text{def}}{=} r_{t+1} + \gamma r_{t+2} + \gamma^2 r_{t+3} + \cdots + \gamma^{T-t-1} r_T = \sum_{k=0}^{T-t-1} \gamma^k r_{t+k+1}$$

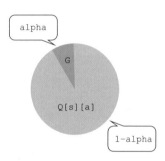

图 3-8　Q[s][a] 的更新示意图

　　由计算得到的折现值（G）来对 self.Q[s][a] 进行更新。更新由 self.Q[s][a] += alpha * (G - self.Q[s][a]) 实现，这相当于将 G 的平均值合并到 self.Q[s][a] 中。这个公式可以变形为 self.Q[s][a] = self.Q[s][a](1 - alpha) + alpha * G，这表示新的 self.Q[s][a] 中 (1 - alpha) 的比例为现有的 self.Q[s][a]，alpha 的比例为 G，如图 3-8 所示。

　　也就是说，alpha 用来均衡现有的估计值（self.Q[s][a]）和实际奖励（G）。这就是之前介绍的学习率。

　　通过一直进行游戏，直到回合结束，并根据得到的立即奖励计算各时刻 i 所对应的折现值 G，从而对 self.Q[s][a] 进行更新。这种更新重复进行 episode_count 次。这就是蒙特卡洛方法的全貌。

　　另外，在计算 G 时，这次是以各个时刻（range(i, len(experience))）作为对象的。另外，也有以该状态和行动首次出现的时刻作为起点的方法（即 range(first(s,a), len(experience))）。前者称为 Every-Visit，后者称为 First-Visit。现在实现的是 Every-Visit。

　　最后，让我们确认一下运行 train 后的行动。

代码清单 3-8

```python
def train():
    agent = MonteCarloAgent(epsilon=0.1)
    env = gym.make("FrozenLakeEasy-v0")
    agent.learn(env, episode_count=500)
    show_q_value(agent.Q)
    agent.show_reward_log()

if __name__ == "__main__":
    train()
```

运行结果如图 3-9 所示。

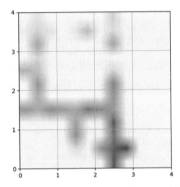

图 3-9　蒙特卡洛方法对各种状态和行动的评价

让我们结合 *FrozenLake* 的设定一起来看一下（图 3-10）。

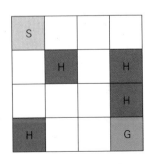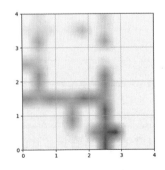

图 3-10　左：*FrozenLake* 的设定；右：蒙特卡洛方法对各种状态和行动的评价

各种状态和行动在绿色越深的地方评价越高。可以发现，整体上朝着终点的方向评价较高，朝着陷阱的方向评价较低。图 3-11 是其中一例。

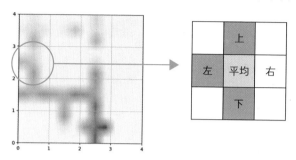

图 3-11 第 2 行第 1 列的状态下的各种行动的评价示意图

学习的回合数量与获得的奖励平均值如图 3-12 所示。以 50 个回合为单位，在 50 次都能到达终点的情况下取值为 1（虽然图上标记的是 1.2，但是不会达到 1.2）。浅绿色区域表示方差，方差越小表示越能稳定地获得奖励。

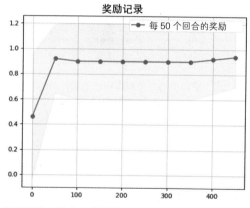

图 3-12 使用蒙特卡洛方法获得的奖励平均值随学习的回合数量的演变

学习的回合数量为 500 个。可以发现在学习到 50 个回合附近时，差不多就已经学习好了，在最后阶段波动也有所缓和。因为在最差的情况下（浅绿色区域下侧）也有一半以上能到达终点，所以确实可以认为训练结果还不错。

接下来实现 TD 方法。使用 TD 方法的学习方法有好几种，下面将以 Q 学习为代表进行实现。

由于习惯上将某种状态下的行动的价值（$Q(s, a)$）称为 Q 值，所以对 Q 值进行学习的方法称为 **Q 学习**。至于为何叫作"Q"，有人说是来源于 quality 的 Q，不过提出 Q 学习的"Learning from Delayed Rewards"一文中也没有明确描述，于是真相不得而知。学习一般使用 TD 方法，如果 Q 学习这个名字指的是"学习 Q"的话，那么除了 TD 方法之外，也会有其他方法成为 Q 学习。此外，与"Q"相对，也经常使用"V"表示状态的价值。

输出 Q 值的函数称为 Q 函数（Q-function），存放 Q 值的表格（Q[s][a]）称为 Q 表格（Q-table）。下面就让我们来实现 Q 学习。

代码清单 3-9

```
from collections import defaultdict
import gym
from el_agent import ELAgent
from frozen_lake_util import show_q_value

class QLearningAgent(ELAgent):

    def __init__(self, epsilon=0.1):
        super().__init__(epsilon)

    def learn(self, env, episode_count=1000, gamma=0.9,
              learning_rate=0.1, render=False, report_interval=50):
        self.init_log()
        self.Q = defaultdict(lambda: [0] * len(actions))
        actions = list(range(env.action_space.n))
        for e in range(episode_count):
            s = env.reset()
            done = False
            while not done:
                if render:
                    env.render()
                a = self.policy(s, actions)
                n_state, reward, done, info = env.step(a)
```

```
            gain = reward + gamma * max(self.Q[n_state])
            estimated = self.Q[s][a]
            self.Q[s][a] += learning_rate * (gain - estimated)
            s = n_state

        else:
            self.log(reward)

        if e != 0 and e % report_interval == 0:
            self.show_reward_log(episode=e)
```

self.Q[s][a] 的更新的实现恰好与 TD 学习的更新公式相同：

$$V(s_t) \leftarrow V(s_t) + \alpha[r_{t+1} + \gamma V(s_{t+1}) - V(s_t)]$$

gain 表示 reward + gamma * max(self.Q[n_state])，即"得到的奖励 + 折扣率 × 迁移后的价值"，这对应于 $r_{t+1} + \gamma V(s_{t+1})$。在计算迁移后的价值时，可以采用基于价值的观点。具体而言，就是以采取使价值最大化的行动 a（max(self.Q[n_state])）为前提来进行。总之，Q 学习是基于价值的方法。estimated 对应于 self.Q[s][a]，也就是现有的估计值 $V(s_t)$。代码实现与数学式的对应关系很明确。

最后，我们来实现运行学习过程的代码。

代码清单 3-10

```
def train():
    agent = QLearningAgent()
    env = gym.make("FrozenLakeEasy-v0")
    agent.learn(env, episode_count=500)
    show_q_value(agent.Q)
    agent.show_reward_log()

if __name__ == "__main__":
    train()
```

运行结果如图 3-13 和图 3-14 所示。

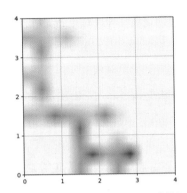

图 3-13　Q 学习对各种状态和行动的评价

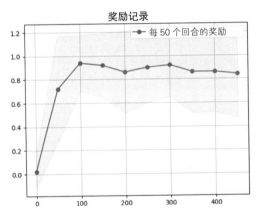

图 3-14　使用 Q 学习获得的奖励平均值随学习的回合数量的演变

与蒙特卡洛方法一样，能看到学习的效果很好。

最后来介绍一下蒙特卡洛方法与 Q 学习的优缺点。它们各自的优缺点与其经验的反映方式密切相关。蒙特卡洛方法实际上只能基于一个回合进行到结束之后得到的实际奖励来更新，然而"进行到结束"时的结果也可能是偶然发生的。有一句俗语叫"瞎猫碰到死耗子"，蒙特卡洛方法给予得到"死耗子"奖励的"把猫弄瞎"这一连串行动很高的评价，但并没有考虑到碰到死耗子这样的事情是有偶然性的。在极端情况下，可以说严重依赖于一个回合的结果。要降低这种依赖，就有必要增加学习的回合数量。

而 Q 学习在每次行动之后立即进行更新，所以对回合结果的依赖有所降低。此外，因为可以更快地修正行动，所以一般比蒙特卡洛方法更高效。但是，由于是根据估计值进行更新的，所以至于能否获得适当的行动，Q 学习则没有蒙特卡洛方法那么可靠。在使用含有参数的函数（例如神经网络等）来计算估计值的情况下，对参数初始值的依赖程度也会变高。

在近年来的研究中，介于蒙特卡洛方法与 TD 方法之间的 Multi-step Learning 被广泛应用。第 4 章将介绍的先进方法（Rainbow、A3C/A2C、DDPG 和 APE-X DQN 等）都应用了 Multi-step Learning。

3.3　用经验来更新价值近似还是策略：基于价值和基于策略

最后让我们来看一下使用经验来更新价值近似和更新策略有何不同，这也就相当于考察基于价值和基于策略的区别。虽然两者都是根据经验（=TD 误差）进行学习，但是应用场景有所不同。下面将介绍两者的差异，同时也介绍一下对两者都进行更新的方法。

基于价值和基于策略的一大不同在于选择行动的基准：基于价值的方法选择使价值最大化的行动进行状态迁移；基于策略的方法则根据策略来选择行动。前者不使用策略，其基准称为 Off-policy（异策略）；后者以策略为前提，其基准称为 On-policy（同策略）[1]。

以 Q 学习为例。Q 学习的更新对象是价值近似，选择行动的基准是 Off-policy，这一点从 Q 学习被实现为选择使价值最大化的行动 a（max(self.Q[n_state])）也可以明显地看出。与之相对，也有以策略作为更新对象、基准为 On-policy 的方法，那就是 SARSA（State-Action-Reward-State-Action）。

---

[1]　实际上，基于价值、基于策略与 Off-policy、On-policy 没有绝对关系。比如本章介绍的 Q 学习属于 Off-policy 算法，SARSA 属于 On-policy 算法，但二者都属于基于价值的方法。——译者注

虽然 Q 学习与 SARSA 在更新对象与行动选择基准上不同，但是实现上非常相似。下面是 SARSA 的实现，大家能看出与 Q 学习的不同吗？

代码清单 3-11

```python
from collections import defaultdict
import gym
from el_agent import ELAgent
from frozen_lake_util import show_q_value


class SARSAAgent(ELAgent):

    def __init__(self, epsilon=0.1):
        super().__init__(epsilon)

    def learn(self, env, episode_count=1000, gamma=0.9,
              learning_rate=0.1, render=False, report_interval=50):
        self.init_log()
        self.Q = defaultdict(lambda: [0] * len(actions))
        actions = list(range(env.action_space.n))
        for e in range(episode_count):
            s = env.reset()
            done = False
            a = self.policy(s, actions)
            while not done:
                if render:
                    env.render()
                n_state, reward, done, info = env.step(a)

                n_action = self.policy(n_state, actions)  # On-policy
                gain = reward + gamma * self.Q[n_state][n_action]
                estimated = self.Q[s][a]
                self.Q[s][a] += learning_rate * (gain - estimated)
                s = n_state
                a = n_action
            else:
                self.log(reward)

            if e != 0 and e % report_interval == 0:
                self.show_reward_log(episode=e)
```

代码实现如下所示。

代码清单 3-12

```
def train():
    agent = SARSAAgent()
    env = gym.make("FrozenLakeEasy-v0")
    agent.learn(env, episode_count=500)
    show_q_value(agent.Q)
    agent.show_reward_log()

if __name__ == "__main__":
    train()
```

运行结果如图 3-15 和图 3-16 所示。

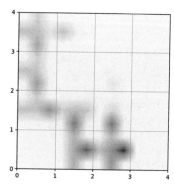

图 3-15　SARSA 方法对各种状态和行动的评价

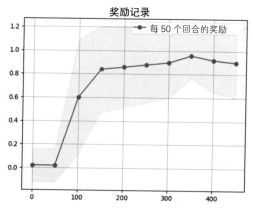

图 3-16　使用 SARSA 方法获得的奖励平均值随学习的回合数量的演变

Q 学习与 SARSA 的不同体现在 gain 的实现上。

Q 学习

```
gain = reward + gamma * max(self.Q[n_state])
```

SARSA

```
gain = reward + gamma * self.Q[n_state][n_action]
```

Q 学习采取迁移到使价值最大化的状态的行动（`max(self.Q[n_state])`），而 SARSA 的行动则基于策略决定（`n_action = self.policy(n_state, action)`），也就是所谓的 On-policy。由于 `self.policy` 使用 `self.Q` 来选择行动，所以 `self.Q` 的更新与 `self.policy`，即策略的更新有关。可以看出虽然 Q 学习与 SARSA 在实现上并没有太大的差别，但是两种方法的观点不同。

Off-policy 和 On-policy 这种基准的差异会给智能体的行动带来怎样的影响呢？直观上来说，由于 Off-policy 往往以最好的行动为前提，所以比较乐观；而 On-policy 则基于当前的策略，因此比较现实。

让我们通过实验来将两者的差异可视化。为了看出乐观与现实的差异，这里以风险较高的设定进行实验。具体而言，稍微提高 epsilon，在掉入陷阱的情况下给予负值作为惩罚。与之前相比，摇摇晃晃地前进（在 epsilon 高的情况下随机行动更容易发生）而掉入陷阱的代价会很大（得到负值作为惩罚）。实验结果如图 3-17 所示（可以运行 EL/compare_q_s.py 来确认）。

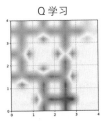
Q 学习
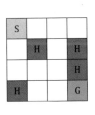
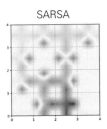
SARSA

图 3-17 Q 学习与 SARSA 的风险评价的不同

与 SARSA 相比，Q 学习的评价更高。这是由于 Q 学习以最佳行动为前提，不去设想容易掉入陷阱的行动。而 SARSA 基于策略来决定行动，将会掉入陷阱的摇晃（较高的 epsilon 值）也考虑在内。这一点与价值的差异有关。

最后来看一下组合使用基于价值和基于策略的方法。在此之前，我们先介绍一下 SARSA 与上一章中介绍的策略迭代的区别。SARSA 将策略和价值近似通过一个 Q 表格（self.Q）来实施，策略迭代则将策略和价值近似分开实施。对比一下两者的代码实现就会明白这种差异。

SARSA

```
n_action = self.policy(n_state, actions) # On-policy
gain = reward + gamma * self.Q[n_state][n_action]
```

策略迭代

```
policy_action = take_max_action(self.policy[s])
r += prob * (reward + gamma * V[next_state])
```

SARSA 将行动的选择（策略）和价值近似通过同一个 self.Q 进行。与之不同的是，策略迭代则以基于策略计算出的状态价值 v 来进行价值近似。

使用策略迭代意味着对策略和价值近似分开考虑。基于这种想法，使 Actor（决策者）负责策略，使 Critic（评价者）负责价值近似，这种 Actor 与 Critic 交替更新来进行学习的方法称为 Actor Critic 方法。下面让我们来看一下代码实现。

代码清单 3-13

```
import numpy as np
import gym
from el_agent import ELAgent
```

```
from frozen_lake_util import show_q_value

class Actor(ELAgent):

    def __init__(self, env):
        super().__init__(epsilon=-1)
        nrow = env.observation_space.n
        ncol = env.action_space.n
        self.actions = list(range(env.action_space.n))
        self.Q = np.random.uniform(0, 1, nrow * ncol).reshape((nrow,
                                                                ncol))

    def softmax(self, x):
        return np.exp(x) / np.sum(np.exp(x), axis=0)

    def policy(self, s):
        a = np.random.choice(self.actions, 1,
                             p=self.softmax(self.Q[s]))
        return a[0]
```

Actor 与之前一样继承自 ELAgent，但是并不使用 Epsilon-Greedy 算法。行动由 self.Q 的值决定。self.Q 用 np.random.uniform 进行初始化，以均等地采取所有行动。请大家回忆一下，在实现策略迭代时，也是以采取各种行动的概率相同的方式对 self.policy 进行初始化的。

softmax 是用于将多个值变为概率值的函数，在极端情况下，该函数将多个值转变为总和为 1 的值。self.Q[s] 中保存了状态 s 下各种行动所对应的价值，使用 softmax 能够将各个价值转变成"各种行动的行动概率"。基于该行动概率来选择行动。基于概率的选择处理由 np.random.choice 实现。

接着我们来看一下进行价值近似的 Critic。

代码清单 3-14

```
class Critic():

    def __init__(self, env):
        states = env.observation_space.n
        self.V = np.zeros(states)
```

实现非常简单，仅仅是由 `self.V` 存储状态价值，并用零进行初始化。

由此就完成了 Actor 和 Critic 的实现。接下来将实现用于两者的学习过程的代码。

代码清单 3-15

```python
class ActorCritic():

    def __init__(self, actor_class, critic_class):
        self.actor_class = actor_class
        self.critic_class = critic_class

    def train(self, env, episode_count=1000, gamma=0.9,
              learning_rate=0.1, render=False, report_interval=50):
        actor = self.actor_class(env)
        critic = self.critic_class(env)

        actor.init_log()
        for e in range(episode_count):
            s = env.reset()
            done = False
            while not done:
                if render:
                    env.render()
                a = actor.policy(s)
                n_state, reward, done, info = env.step(a)

                gain = reward + gamma * critic.V[n_state]
                estimated = critic.V[s]
                td =  gain - estimated
                actor.Q[s][a] += learning_rate * td
                critic.V[s] += learning_rate * td
                s = n_state

            else:
                actor.log(reward)

            if e != 0 and e % report_interval == 0:
                actor.show_reward_log(episode=e)

        return actor, critic
```

要点在于, 在计算 gain 时使用了 Critic 的评价值。

Actor Critic

```
gain = reward + gamma * critic.V[n_state]
```

得到的 TD 误差分别用于 Actor 和 Critic 的更新。Actor 是更新各种状态下的行动评价 (Q 值), Critic 则是更新状态价值。

代码实现如下所示。

代码清单 3-16

```
def train():
    trainer = ActorCritic(Actor, Critic)
    env = gym.make("FrozenLakeEasy-v0")
    actor, critic = trainer.train(env, episode_count=3000)
    show_q_value(actor.Q)
    actor.show_reward_log()

if __name__ == "__main__":
    train()
```

最后让我们来运行一下, 运行结果如图 3-18 和图 3-19 所示。

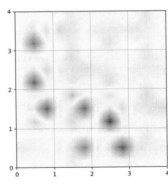

图 3-18 Actor Critic 方法对各种状态和行动的评价 (Actor 的 Q 值)

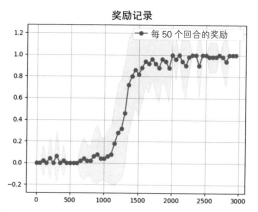

图 3-19　使用 Actor Critic 方法获得的奖励平均值随学习的回合数量的演变

与之前的方法相比，学习需要的回合数量更多，最终能够获得稳定的奖励。

本章我们讲解了通过自己行动获得经验来制订计划的无模型方法。在利用经验时需要注意以下 3 个要点：

1. 平衡经验的积累与利用；

2. 是根据实际奖励还是预测来修正计划；

3. 用经验来更新价值近似还是策略。

第 1 点是"探索与利用的折中"问题。例如在投掷硬币的游戏中，应该将投掷次数中的多少用于探索（调查正面朝上的概率），多少用于探索结果的利用（继续投掷正面朝上概率高的硬币），这个问题被称为多臂老虎机问题。另外，我们介绍了用于平衡折中的方法，即以 epsilon 的概率将探索与利用分开的 Epsilon-Greedy 算法。

第 2 点是如何计算经验的问题。经验是采取行动前后的价值估计值的差异，称为 TD 误差。在每次行动之后计算差异的方法称为 TD 方法（TD(0)、Q 学习），在回合结束时计算差异的方法称为蒙特卡洛方法。另外，我们也介绍了介于二者之间的 Multi-step Learning 方法和 TD(λ) 方法。一方面，在实践中，行动越多，越能够进行基于立即奖励（实际奖励）的更新；另一方面，更新将有所延迟。

第 3 点是将经验用于价值近似的更新还是策略的更新的问题。这等同于是基于价值还是基于策略的问题。在估计价值时，Off-policy 以选择使价值最大化的行动为前提，On-policy 以基于策略来选择行动为前提。根据更新对象和估计价值时采取行动的基准，我们比较了 Q 学习与 SARSA 的不同，同时也介绍了 Actor 和 Critic 交替更新来进行学习的方法——Actor Critic 方法。按照本章介绍的观点将强化学习方法分类，如表 3-1 所示。

表 3-1　按照本章中的观点对强化学习方法进行分类

	经验的计算		更新对象		行动基准	
	估计值	实际值	价值	策略	Off	On
Q 学习	√		√		√	
蒙特卡洛方法		√	√		√	
SARSA	√			√		√
Actor Critic	√		√	√		√
Off-Policy Actor-Critic	√		√	√	√	
On-policy 蒙特卡洛控制		√	√	√		√
Off-policy 蒙特卡洛控制		√	√	√	√	

蒙特卡洛控制（Monte Carlo Control）是用蒙特卡洛方法进行策略迭代的方法。Off-policy 的蒙特卡洛控制总是选择价值最大的行动来修正策略，而 On-policy 则以非零概率选择所有行动。

Off-Policy Actor-Critic 是以 Actor Critic 为框架来学习 Off-policy 的单一（deterministic）行动选择的方法。这对于需要输出单一"值"的连续值的控制来说是非常重要的方法（见书末第 4 章的参考文献 [25]）。Off-Policy Actor-Critic 是下一章将介绍的通过深度学习进行连续值控制的 DDPG 方法的基础。

　　本章的内容大体上覆盖了强化学习的主要方法。目前提出的各种方法大多也基于本章介绍的方法。例如，以与人类相匹敌的精度玩游戏的有名的 Deep Q-Network 是基于 Q 学习的，Actor Critic 是 A3C/A2C 这些方法的基础。

　　在由本章介绍的方法向最新的方法迈进时的一个要点是"计算 Q 值"。在到目前为止的实现方式中，我们都是以 Q[s][a] 的形式用表格（Q 表格）来保存各种状态下的各种行动的价值的。然而，随着状态和行动增加，这种方式显然会失败。另外，用连续值表示的状态和行动也难以用表格形式来呈现，因此有必要用非表格的形式来计算 Q 值。

　　通过含有参数的函数来计算 Q 值是其中一种解决方式。当然并不是记录所有的模式，而是用数学式和参数来表达状态、行动与行动价值的关系。顺便一提，使用神经网络或深度神经网络作为"含有参数的函数"的方法就是所谓的深度强化学习，Deep Q-Network 就是其开山之作。

　　下一章将介绍使用函数来计算 Q 值的方法，以及使用神经网络作为该函数的方法。

第 **4** 章

使用面向强化学习的神经网络

本章将介绍通过含有参数的函数来实现价值近似和策略的方法，由此就可以处理上一章中难以用表格管理的连续的状态和行动了。

"含有参数的函数"这种说法可能不太直观，$y=ax+b$ 这个简单的式子就是一个很好的"含有参数的函数"的例子。在该式中，a 和 b 就是所谓的"参数"。

下面我们就用 $y=ax+b$ 这个函数来进行价值近似。这里参考图 4-1 的迷宫环境。状态是迷宫中的方格（坐标），行动是向上下左右移动的动作。在"输入状态"后"输出各种行动的价值"的情况下，x 就作为状态，而 y 就作为各种行动的价值。图 4-1 所示为输入作为状态的坐标（第 3 行第 2 列）后，输出各种行动的价值（0.1，0.5，0.7，0.2）的情况。

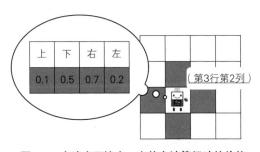

图 4-1　在迷宫环境中，由状态计算行动的价值

以输入坐标（x_1, x_2），输出各种行动的价值（$y_1 \sim y_4$）这种形式来改写 $y=ax+b$：

$$
\begin{bmatrix} y_1 \\ y_2 \\ y_3 \\ y_4 \end{bmatrix} = \begin{bmatrix} a_{11} & a_{12} \\ a_{21} & a_{22} \\ a_{31} & a_{32} \\ a_{41} & a_{42} \end{bmatrix} \begin{bmatrix} x_1 \\ x_2 \end{bmatrix} + \begin{bmatrix} b_1 \\ b_2 \\ b_3 \\ b_4 \end{bmatrix}
$$

学习的目标是缩小价值的估计误差（TD 误差）。上一章中通过更新 Q[s][a] 这一表格中的数值进行了学习，而本章则通过调整函数的参数（$a_{11} \sim a_{42}$，$b_1 \sim b_4$）进行学习。

本章将介绍使用函数来表示价值近似和策略的方法，以及与之对应的学习方法（参数的更新方法），同时还将介绍使用神经网络作为函数的方法。近年来，强化学习大量使用神经网络，从这层意义上来说，本章将踏入更加先进的强化学习世界。

通过阅读本章，我们可以明白以下 3 点：

- 使用神经网络作为函数的优点；
- 使用含有参数的函数实现价值近似的方法；
- 使用含有参数的函数实现策略的方法。

下面就让我们正式开始吧！

4.1　将神经网络应用于强化学习

在将神经网络应用于强化学习之前，首先来介绍一下神经网络，具体包括以下 3 点：

- 神经网络的结构；
- 将神经网络应用于强化学习的优点；

■ 在将神经网络应用于强化学习时，使智能体进行学习的框架。

4.1.1 神经网络的结构

下面我们来看一下神经网络的结构及其实现方法。近年来关于神经网络的结构和实现的图书及文章非常多，相信很多人已经有所了解了，那么跳过这部分也无妨。

本书使用 TensorFlow 和 scikit-learn 来实现神经网络。关于 TensorFlow，主要使用其内部的 Keras 模块。Keras 原本是独立于 TensorFlow 的代码库，2017 年被融入 TensorFlow（现在也可以独立于 TensorFlow 来使用）。利用 Keras 可以比直接使用 TensorFlow 更简单地实现神经网络。

现在开始介绍神经网络。不知道大家是否注意到，其实我们已经见过神经网络了，就是下面这个式子：

$$\begin{bmatrix} y_1 \\ y_2 \\ y_3 \\ y_4 \end{bmatrix} = \begin{bmatrix} a_{11} & a_{12} \\ a_{21} & a_{22} \\ a_{31} & a_{32} \\ a_{41} & a_{42} \end{bmatrix} \begin{bmatrix} x_1 \\ x_2 \end{bmatrix} + \begin{bmatrix} b_1 \\ b_2 \\ b_3 \\ b_4 \end{bmatrix}$$

这其实就是一个正儿八经的单层神经网络。总之，神经网络实质上是给输入值赋以**权重**（weight），并加上**偏置**（bias）的连续处理。权重与数值以及对应的处理被一起称为**层**（layer）。下面我们就用 TensorFlow 来实现单层神经网络。

代码清单 4-1

```
import numpy as np
from tensorflow.python import keras as K

model = K.Sequential([
    K.layers.Dense(units=4, input_shape=((2, ))),
])

weight, bias = model.layers[0].get_weights()
```

```
print("Weight shape is {}.".format(weight.shape))
print("Bias shape is {}.".format(bias.shape))

x = np.random.rand(1, 2)
y = model.predict(x)
print("x is ({}) and y is ({})".format(x.shape, y.shape))
```

　　`K.Sequential` 是用于集成多层神经网络的模块。因为现在我们在函数中只用了一层（`K.layers.Dense(units=4, input_shape=((2,)))`），所以是单层神经网络。`K.layers.Dense` 给输入值赋以权重，并加上偏置。输入的尺寸与坐标一样设定为 2（`input_shape=((2,))`），输出的尺寸与行动价值一样设定为 4（`units=4`）。

　　运行代码，得到如下输出值。

代码清单 4-2

```
Weight shape is (2, 4).
Bias shape is (4,).
x is ((1, 2)) and y is ((1, 4))
```

　　作为坐标的 x 是 2 行 1 列，作为行动价值的 y 是 4 行 1 列，而输出结果则相反。这是因为输入了 1 行 2 列的坐标数据（`np.random.rand(1, 2)`）。包括 Keras 在内，许多深度学习的实现框架以行作为批大小（batch size），这里与之对应。因此，权重（a）、偏置（b）、输出（y）的形式也发生了变化。不过，本质的计算并没有发生变化。式 y=ax+b 是使用 `K.layers.Dense(units=4, input_shape=(2,))` 这样的单层神经网络实现的。

　　用 y=ax+b 表示的计算处理过程，与刚好把所有的输入和输出节点连接起来的神经网络等价，因此称为**全连接**（Fully Connected，FC）。此外，因为也有结合紧密的意思，所以称为 Dense。

　　实际上，相比单层神经网络，多层堆叠的神经网络更为常见。这种神经网络以上一层的输出作为下一层的输入，称为**多层神经网络**，也就是**深度神经网络**。很多时候会在输出和输入之间插入函数，这种函数称为**激活函数**（activation function）。数值在输出层、激活函数、下一个输入层之间以接力的形式传递的处理流程称为**传播**（propagation），也称为**正向传播**（forward propagation）。

　　在进行数据传播时，并非一个样本一个样本地传播，往往是多个样本打包在一起传播，这个打包的单位称为**批**（batch）。前面我们提到过很多框架以行作为批大小，其目的就是以批为单位处理数据。在将表示状态的坐标数据（x_1, x_2）作为批汇总时，可以如下表示：

$$\begin{bmatrix} [x_1^1, x_2^1] \\ [x_1^2, x_2^2] \\ [x_1^3, x_2^3] \end{bmatrix}$$

　　这就是打包了 3 组坐标的情况，即"批大小为 3 的数据"。以批为单位的计算的实现方式如下。

代码清单 4-3

```python
import numpy as np
from tensorflow.python import keras as K

# 2层神经网络
model = K.Sequential([
    K.layers.Dense(units=4, input_shape=((2, )),
                   activation="sigmoid"),
    K.layers.Dense(units=4),
])

# 使批大小为3（x的维度为2）
batch = np.random.rand(3, 2)

y = model.predict(batch)
print(y.shape)  # 变成(3,4)
```

　　与刚才的例子相比增加了一层，但是基本的处理方式并没有变化。在将数值从第 1 层向第 2 层传递时，会用到激活函数（activation="sigmoid"）。

　　以上就是用神经网络来表示函数的实现方法。到目前为止，我们可以得到神经网络的输出值了。接下来就让我们来看一下如何调整参数以得到正确的输出值，即神经网络的学习方法。

神经网络的学习以与传播相反的方向进行。也就是说，通过输出侧传递"（输出值）有多大的误差"，来调整各层的权重和偏置，该处理称为**误差反向传播**（error back propagation）。

各层的参数如何调整是由**梯度**（gradient）决定的。梯度表示参数的调整方向。这里我们以 $y=ax+b$ 为例，来实际求一下梯度。$y=ax+b$ 的计算如图 4-2 所示，蓝字是实际输入值之后的计算结果。

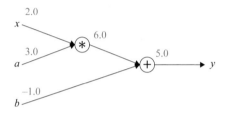

图 4-2 $y=ax+b$ 的图形

这里要求的是参数 a、b 的梯度。梯度通过**导数**（derivative）求出。关于 a 的导数、关于 b 的导数……像这样关于单个变量的导数称为**偏导数**（partial derivative），表示为 $\dfrac{\partial y}{\partial a}$ 和 $\dfrac{\partial y}{\partial b}$，即参数 a、b 的变化会对输出 y 产生多大的影响，计算结果如图 4-3 所示。

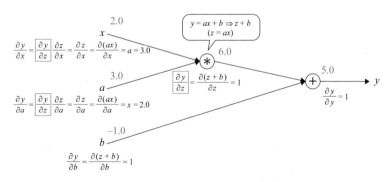

图 4-3 梯度的计算结果

值的计算需要导数的知识，并不难。y 相对于 y 的变化率当然是 1，所以 $\dfrac{\partial y}{\partial y}$ 为 1。设 $z=ax$，则 $y=ax+b$ 变为 $y=z+b$。求 y 关于 z 的偏导数，结果为 1（$\dfrac{\partial y}{\partial z}=1$）；求 y 关于 b 的偏导数，结果也为 1（$\dfrac{\partial y}{\partial b}=1$）。

权重 a 的偏导数 $\dfrac{\partial y}{\partial a}$ 可以拆分为 $\dfrac{\partial y}{\partial z}\dfrac{\partial z}{\partial a}$ 来求解，这称为**链式法则**（chain rule）。根据链式法则，梯度可以由上一步计算出的数值 $\dfrac{\partial y}{\partial z}$ 求得。反复使用链式法则，就可以计算出各层的梯度。

由此，我们就知道了在权重 a 和 b 变化时输出 y 所对应的变化（$\dfrac{\partial y}{\partial a}$，$\dfrac{\partial y}{\partial b}$）。例如，由于 $\dfrac{\partial y}{\partial a}$ 等于 2.0，所以当 a 增加 1 时，y 增加 2。在图 4-3 中，$x=2$，也就是 $y=2a+b$，待求的值与该式一致。对误差函数（目标函数）计算梯度，就能知道各个参数对误差的影响如何。例如，在某个参数的梯度是正数的情况下，由于这个参数会使得误差变大，所以需要将其缩小（负数的情况则相反）。

关于如何使参数根据梯度的方向移动，存在各种各样的方法，其中具有代表性的是**随机梯度下降法**（Stochastic Gradient Descent，SGD）以及本书也在使用的**自适应矩估计**（Adaptive Moment Estimation，Adam）等算法[①]。在实现上，一般称为 Optimizer。计算梯度，并通过 Optimizer 将其用于更新参数，这就是学习的基本流程。

到目前为止，我们已经了解了神经网络的结构和学习方法。最后，让我们使用神经网络来预测波士顿的房价，这也是讲解机器学习时常用的问题。

房价数据集包含 13 个特征量（房间数、人均犯罪数等）与房价的组合。换句话说，这个神经网络根据 13 个输入变量（X）输出一个值（y）。在学习的过程中不断调整参数，以使预测价格与实际价格之间的差异变小。下面我们就来进行实现。

---

① 顺便说一下，相对于 Adam（亚当）算法，还有一种对其进行了改进的 Eve（夏娃）算法。

代码清单 4-4

```
import numpy as np
from sklearn.model_selection import train_test_split
from sklearn.datasets import load_boston
import pandas as pd
import matplotlib.pyplot as plt
from tensorflow.python import keras as K


dataset = load_boston()

y = dataset.target
X = dataset.data

X_train, X_test, y_train, y_test = train_test_split(
    X, y, test_size=0.33)

model = K.Sequential([
    K.layers.BatchNormalization(input_shape=(13,)),
    K.layers.Dense(units=13, activation="softplus", kernel_
regularizer="l1"),
    K.layers.Dense(units=1)
])
model.compile(loss="mean_squared_error", optimizer="sgd")
model.fit(X_train, y_train, epochs=8)

predicts = model.predict(X_test)
result = pd.DataFrame({
    "predict": np.reshape(predicts, (-1,)),
    "actual": y_test
})
limit = np.max(y_test)

result.plot.scatter(x="actual", y="predict", xlim=(0, limit),
ylim=(0, limit))
plt.show()
```

model 是对公式的实现。BatchNormalization 是对数据进行**归一化**（normalization）的处理。归一化的目的是以相同的尺度来测量值。例如，即便在测试中都得了 80 分，但这两个 "80 分" 的含义在平均分为 80 分的测试和平均分为 30 分的测试中也是不同的。在这种情况下，可以使用归一化将相同的值调整为具有相同的含义。具体来说，就是对齐均值和方差。由于现在使用的 13 个特征量的值的范围不同，所以将它们归一化为平均值为 0、方差为 1。

原本归一化是在模型外部而不是模型内部完成的。但是，现在为了简化代码，我们将其合并到模型中去。实际的 model 层为两层，第一层的激活函数使用 softplus，然后在随后的层中汇总成一个输出值（units = 1）。

kernel_regularizer 是用于**正则化**（regularization）的设定。正则化是一种限制网络层中使用的权重的值的方法。如果不对权重的值施加限制，就有可能得到仅与学习过的数据拟合的预测结果（这也称为**过拟合**）。

这里，为了最小化差值，使用均方误差（Mean Squared Error，MSE）作为最小化的对象（loss = "mean_squared_error"）。这里，作为最小化的对象的表达式就是误差函数（目标函数）。最优化使用的是随机梯度下降法（optimizer = "sgd"）。

执行结果如图 4-4 所示。图 4-4 是实际价格和预测价格的曲线图，如果它们完全一致，则点将分布在对角线上。可以看出，预测结果还不错。

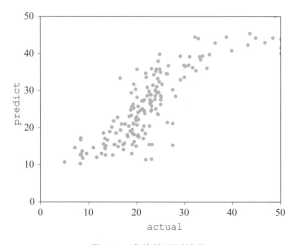

图 4-4　房价的预测结果

至此我们已经了解了神经网络的结构和实现。不过，普通的神经网络并不是多么强大的模型，目前流行的方式是根据任务的不同而设计对应的神经网络结构。具体来说，有在图像识别方面很强的**卷积神经网络**（Convolutional Neural Network，CNN）和适合处理时序数据的**循环神经网络**（Recurrent Neural Network，RNN）等。

针对特定任务而设计的神经网络遵循层到层的传播这一基本机制，同时也会根据任务处理的数据（图像、时序）特征采用特别的权重和传播方式。这种结构的灵活性也是神经网络的一个特点，目前人们已经提出了各种结构的神经网络。

CNN 是用于图像识别的一种重要方法，它可以通过输入画面来获取行动，这一点可用于强化学习。本书中介绍的 Deep Q-Network（DQN）就是使用游戏画面作为输入进行强化学习的方法，该方法曾因得分超过人类玩家而引发热议（图 4-5）。

图 4-5　DQN 应用示例
（引自 "Playing Atari with Deep Reinforcement Learning" 中的图 1）

DQN 在两个方面为后续的强化学习研究带来了重大影响：第 1 点是可以使用 CNN 将画面直接用作状态；第 2 点是基于画面进行学习也有可能获得与人类匹敌的行动。人们通常也是通过观察画面和图像来完成工作的，因此这是一项非常有影响力的研究。目前这种趋势仍在持续，并且关于如何以更高的精度来执行各种任务的研究也在进行。虽然除 CNN 之外的其他神经网络也在被广泛使用，但是影响最大的还是 CNN。

那么，CNN 是如何工作的呢？下面我们就来解释一下。

CNN 是受人类的感受野（receptive field）的启发而设计出的神经网络结构。具体而言，CNN 将对图像的部分区域的信息汇总处理分级进行。对图像的部分区域进行信息汇总的过程称为**卷积**（convolution），这是针对图像数据的特殊的加权方法（不过卷积本身是一种更通用的方法，这里将其狭义地解释为专门针对图像的"折叠")。执行卷积操作的神经网络层称为**卷积层**（convolutional layer）。另外，不使用权重来进行信息汇总的层称为**池化层**（pooling layer）。具体地，池化层可以获得局部区域的平均值或最大值。

CNN 的处理过程如图 4-6 所示。可以看到汽车图像（INPUT）经由"卷积（CONVOLUTION）+ 激活函数（RELU）""池化（POOLING）""卷积（CONVOLUTION）+ 激活函数（RELU）"……进行传播。最后将得到的所有处理结果都展开排列（这个操作称为 FLATTEN），然后切换到与普通神经网络相同的传播方式来输出图像的类型，比如是小汽车（CAR）还是货车（TRUCK）等。这就是 CNN 的基本机制。

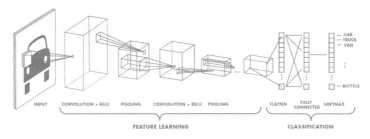

图 4-6　CNN 的处理过程
（引自"Convolutional Neural Network 3 things you need to know"）

在 CNN 中，一般而言，卷积层越靠近输入，能够获得的基本特征越多；越远离输入（层越深），获得的特征就越抽象（图 4-7）。

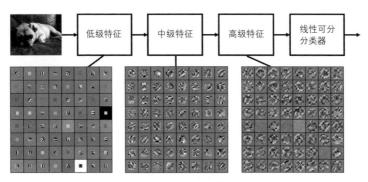

图 4-7　CNN 的滤波器获得的特征
（引自 CS231n Lecture5）

现在让我们来了解 CNN 的核心——卷积处理。CNN 中的卷积是指将一定区域中的值聚合为一个值的过程（图 4-8）。

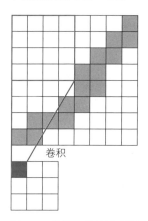

图 4-8 卷积处理的示意图

这个"一定区域"称为过滤器（卷积核）。由于过滤器内的区域具有深度这个维度，所以实际上"一定区域"是一个立方体。

使用过滤器一边移动位置一边进行卷积处理。通过将卷积区域稍微重叠，能够识别它们和相邻区域的关系。滤波器移动的宽度称为**步幅**（stride）（图 4-9）。

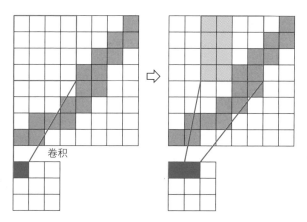

图 4-9 在移动位置的同时进行卷积处理

使用这种方法，边缘区域的卷积次数减少了，因此我们将图像周围稍微扩展，这个过程称为**填充**（padding）。通常，卷积的输出会根据滤波器的大小而相应地减小，通过进行填充，可以使滤波器的大小保持相同。

下面我们来实现 CNN。这里使用机器学习中常用的手写数字识别数据集。数据是 8×8 的灰度图像，包含从 0 到 9 共 10 种数字类型（类别）。

代码清单 4-5

```python
import numpy as np
from sklearn.model_selection import train_test_split
from sklearn.datasets import load_digits
from sklearn.metrics import classification_report
from tensorflow.python import keras as K


dataset = load_digits()
image_shape = (8, 8, 1)
num_class = 10

y = dataset.target
y = K.utils.to_categorical(y, num_class)
X = dataset.data
X = np.array([data.reshape(image_shape) for data in X])

X_train, X_test, y_train, y_test = train_test_split(
    X, y, test_size=0.33)

model = K.Sequential([
    K.layers.Conv2D(
        5, kernel_size=3, strides=1, padding="same",
        input_shape=image_shape, activation="relu"),
    K.layers.Conv2D(
        3, kernel_size=2, strides=1, padding="same",
        activation="relu"),
    K.layers.Flatten(),
    K.layers.Dense(units=num_class, activation="softmax")
])
model.compile(loss="categorical_crossentropy", optimizer="sgd")
model.fit(X_train, y_train, epochs=8)

predicts = model.predict(X_test)
```

```
predicts = np.argmax(predicts, axis=1)
actual = np.argmax(y_test, axis=1)
print(classification_report(actual, predicts))
```

　　dataset.target 包含 1 个代表图像中的数字的值（0 ~ 9）。预测时返回的输出是 0 ~ 9 的各个数字对应的概率，因此有 10 个概率值。1 个预测目标与 10 个输出值不匹配，因此 dataset.target 也由 10 个值来表示。具体来说，就是由一个大小为 10 的向量表示，该向量在相应的数字（类别）处取值为 1，在其他位置取值为 0（图 4-10），这称为 One-hot 向量。在代码实现中，通过 K.utils.to_categorical 进行这一转换。

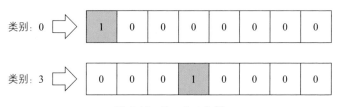

图 4-10　One-hot 向量

　　dataset.data 包含由 64 个像素值排列而成的向量。在这种情况下，图像的格式并不是"宽度 × 高度"，因此将其指定为 8 × 8 × 1 的大小（data.reshape (image_shape)）。

　　下面让我们来看一下卷积层的定义。通过到目前为止的介绍，你是否已经理解以下处理的含义了呢？

代码清单 4-6

```
K.layers.Conv2D(
    5, kernel_size=3, strides=1, padding="same",
    input_shape=image_shape, activation="relu")
```

　　由 kernel_size=3 可知滤波器的大小为 3 × 3，由 strides=1 可知步幅为 1。最开始的 5 代表滤波器的个数。每个滤波器都将得到一张卷积后的图像（称为特征图）。因为 padding="same"，所以通过填充来补偿滤波器

的大小。由 `activation = "relu"` 可知，应用于卷积后的特征图的函数
（激活函数）是 ReLU。这一处理过程如图 4-11 所示。

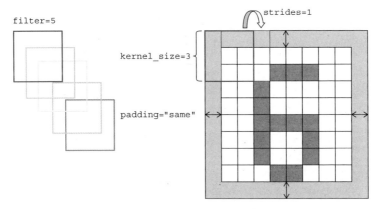

图 4-11　代码清单 4-6 的示意图

正如 CNN 的介绍中提到的那样，为了将卷积层的输出用于类别的预
测，执行 `Flatten` 处理，将三维特征图转换为一维向量。然后由全连接层
得到输出向量，该向量的大小为类别数（`units = num_class`），其值为每
个类别对应的概率。从值到概率的转换使用的是上一章中用过的 `softmax`
函数。`categorical_crossentropy` 是一种误差函数，用于比较输出的概
率值与实际的类别（One-hot 向量）。

运行后得到的正确率约为 90%。以上就是对神经网络以及用于图像处
理的 CNN 的介绍。

4.1.2　将神经网络应用于强化学习的优点

使用神经网络的最大优点是，能够用图像和声音等接近人类实际观察
到的状态的数据来进行智能体的学习。在到目前为止介绍的强化学习算法
中，如果是游戏环境，则人类需要从图像中读取玩家、敌人和障碍物的位
置等信息，并将其传递给模型。这是由于对智能体而言，游戏画面只是
RGB 数值的集合，很难从中读取有意义的信息。

如前所述，神经网络（尤其是 CNN）已经能够让智能体从画面上获取信息。图 4-12 引自使用 CNN 进行强化学习的论文，展示了智能体评价较高的状态。

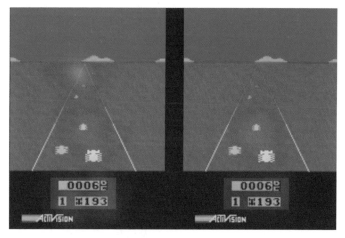

图 4-12 智能体评价较高的状态的示意图
（引自"Dueling Network Architectures for Deep Reinforcement Learning"中的图 2）

这是一个赛车游戏，可以看到左侧的图像聚焦在前方的道路上，而右侧的图像聚焦在其他车辆上（在这个游戏中，撞到其他车辆就会出局）。即使没有人类指导，智能体也能学会应该关注游戏画面的哪里。这就是神经网络的力量。

尽管这样的神经网络带来了革命性的影响，但也有其弱点，具体我们将在下一章说明，这里先说一下其学习耗时较长的问题。"耗时"不是指几分钟的时间，而是十几个小时甚至几天的时间。即使用了专门用于计算的 GPU（Graphics Processing Unit，图形处理器），这个计算依然很耗时。现在不使用 GPU 的话就很难进行学习。

因此，对于使用神经网络的强化学习算法，有必要针对其弱点进行设计。我们将在 4.1.3 节对进行实现所需的基本的模块配置进行说明，并在第 5 章详细说明其中的设计意图。

4.1.3 使用神经网络实现强化学习的框架

本章的实现由以下模块构成。

- Agent（智能体）：通过含有参数的函数（神经网络）实现的智能体。
- Trainer（训练者）：进行智能体的学习的模块。
- Observer（观察者）：进行从环境获得的"状态"的预处理的模块。
- Logger（记录者）：记录学习过程的模块。

整体如图 4-13 所示。

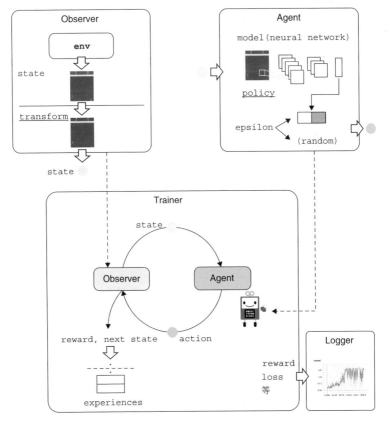

图4-13　使用含有参数的函数的智能体学习框架

Agent 使用含有参数的函数（神经网络等）对状态（state）进行评价，并通过 Epsilon-Greedy 算法决定策略（policy）。Trainer 基于智能体提供的数据进行学习训练。Observer 执行预处理，例如将彩色画面变成黑白。Logger 用于记录表示学习情况的指标，具体来说就是智能体获得的奖励（reward）以及模型输出与实际值之间的误差（loss）。

下面我们来看一下实现，示例代码来自文件 FN/fn_framework.py。

首先是 Agent。

代码清单 4-7

```python
import os
import io
import re
from collections import namedtuple
from collections import deque
import numpy as np
import tensorflow as tf
from tensorflow.python import keras as K
from PIL import Image
import matplotlib.pyplot as plt


Experience = namedtuple("Experience",
                        ["s", "a", "r", "n_s", "d"])


class FNAgent():

    def __init__(self, epsilon, actions):
        self.epsilon = epsilon
        self.actions = actions
        self.model = None
        self.estimate_probs = False
        self.initialized = False

    def save(self, model_path):
        self.model.save(model_path, overwrite=True, include_
                        optimizer=False)

    @classmethod
```

```
def load(cls, env, model_path, epsilon=0.0001):
    actions = list(range(env.action_space.n))
    agent = cls(epsilon, actions)
    agent.model = K.models.load_model(model_path)
    agent.initialized = True
    return agent

def initialize(self, experiences):
    raise NotImplementedError("You have to implement initialize
                                method.")

def estimate(self, s):
    raise NotImplementedError("You have to implement estimate
                                method.")

def update(self, experiences, gamma):
    raise NotImplementedError("You have to implement update method.")

def policy(self, s):
    if np.random.random() < self.epsilon or not self.initialized:
        return np.random.randint(len(self.actions))
    else:
        estimates = self.estimate(s)
        if self.estimate_probs:
            action = np.random.choice(self.actions,
                                        size=1, p=estimates)[0]
            return action
        else:
            return np.argmax(estimates)

def play(self, env, episode_count=5, render=True):
    for e in range(episode_count):
        s = env.reset()
        done = False
        episode_reward = 0
        while not done:
            if render:
                env.render()
            a = self.policy(s)
            n_state, reward, done, info = env.step(a)
            episode_reward += reward
            s = n_state
        else:
            print("Get reward {}.".format(episode_reward))
```

Experience 是用于存储智能体的经验的类。具体而言，它是由状态
（s）、行动（a）、奖励（r）、迁移后的状态（n_s）以及回合结束标志（d）
组成的集合。save 和 load 是用于保存、读取已进行学习的智能体的函数。

initialize、estimate、update 由继承的类来实现，分别用于初始
化智能体的含有参数的函数，通过函数进行预测，以及更新（学习）参数。

policy 与之前相同。如果要预测的是行动的概率（estimate_probs
为 True），则根据该概率对行动进行采样。play 是用于模拟智能体的行动
的函数。接下来，让我们看一下 Trainer 的实现。

代码清单 4-8

```
class Trainer():

    def __init__(self, buffer_size=1024, batch_size=32,
                 gamma=0.9, report_interval=10, log_dir=""):
        self.buffer_size = buffer_size
        self.batch_size = batch_size
        self.gamma = gamma
        self.report_interval = report_interval
        self.logger = Logger(log_dir, self.trainer_name)
        self.experiences = deque(maxlen=buffer_size)
        self.training = False
        self.training_count = 0
        self.reward_log = []

    @property
    def trainer_name(self):
        class_name = self.__class__.__name__
        snaked = re.sub("(.)([A-Z][a-z]+)", r"\1_\2", class_name)
        snaked = re.sub("([a-z0-9])([A-Z])", r"\1_\2", snaked).lower()
        snaked = snaked.replace("_trainer", "")
        return snaked

    def train_loop(self, env, agent, episode=200, initial_count=-1,
                   render=False, observe_interval=0):
        self.experiences = deque(maxlen=self.buffer_size)
        self.training = False
        self.training_count = 0
        self.reward_log = []
```

```
frames = []

for i in range(episode):
    s = env.reset()
    done = False
    step_count = 0
    self.episode_begin(i, agent)
    while not done:
        if render:
            env.render()
        if self.training and observe_interval > 0 and \
           (self.training_count == 1 or
            self.training_count % observe_interval == 0):
            frames.append(s)

        a = agent.policy(s)
        n_state, reward, done, info = env.step(a)
        e = Experience(s, a, reward, n_state, done)
        self.experiences.append(e)
        if not self.training and \
            len(self.experiences) == self.buffer_size:
            self.begin_train(i, agent)
            self.training = True

        self.step(i, step_count, agent, e)

        s = n_state
        step_count += 1
    else:
        self.episode_end(i, step_count, agent)

        if not self.training and \
            initial_count > 0 and i >= initial_count:
            self.begin_train(i, agent)
            self.training = True

        if self.training:
            if len(frames) > 0:
                self.logger.write_image(self.training_count,
                                        frames)
                frames = []
            self.training_count += 1
```

```
def episode_begin(self, episode, agent):
    pass

def begin_train(self, episode, agent):
    pass

def step(self, episode, step_count, agent, experience):
    pass

def episode_end(self, episode, step_count, agent):
    pass

def is_event(self, count, interval):
    return True if count != 0 and count % interval == 0 else False

def get_recent(self, count):
    recent = range(len(self.experiences) - count, len(self.
                experiences))
    return [self.experiences[i] for i in recent]
```

　　Trainer 将智能体的行动记录存储在 `self.experiences` 中，这是智能体进行学习所需的数据。如果 `buffer_size` 为 `self.experiences` 的大小，则在超过 `buffer_size` 的情况下，最早的行动将被丢弃（由 deque 实现）。每次学习时从 `self.experiences` 中取出的数据大小为 `batch_size`。

　　像这样，将行动记录暂时保存，然后从中进行采样和学习的方法称为**经验回放**（experience replay）。

　　经验回放能够使学习更稳定（反之，如果像之前一样将行动结果直接用于学习，则学习就会不稳定）。这是因为，通过从行动记录中进行采样，能够将各个回合中不同的时间步（time step）的数据用于学习（图 4-14）。经验回放是在强化学习中使用神经网络时经常用到的一种技术。

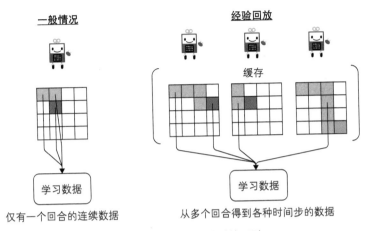

图 4-14　有无经验回放时的区别

　　这次实现的 Trainer 使用了经验回放。将来也很有可能会出现一种比经验回放更好的学习方法，但是即使在那种情况下，让智能体及其学习过程分别独立也仍然很重要。

　　train_loop 是进行学习的循环，其基本处理是在指定的 episode 环境中进行游戏，并根据回合的开始、结束以及各个步骤等运行相应的方法（ episode_begin、episode_end、step ）。当累积 buffer_size 次 self.experiences 或者进行了 initial_count 个回合时，重置学习开始的标志（ self.training = True ）。这种实现可以很方便地自定义在学习的哪个阶段进行哪种处理。

　　observe_interval 用来指定智能体在环境中运行的频率，其基本的运行方式是在运行过程中以 observe_interval 的频率将画面（状态）存储在 frames 中，并在回合结束后由 self.logger.write_image 进行写出。

　　接下来，让我们看一下 Observer。

代码清单 4-9

```python
class Observer():

    def __init__(self, env):
        self._env = env

    @property
    def action_space(self):
        return self._env.action_space

    @property
    def observation_space(self):
        return self._env.observation_space

    def reset(self):
        return self.transform(self._env.reset())

    def render(self):
        self._env.render(mode="human")

    def step(self, action):
        n_state, reward, done, info = self._env.step(action)
        return self.transform(n_state), reward, done, info

    def transform(self, state):
        raise NotImplementedError("You have to implement transform
                                  method.")
```

Observer 是环境 env 的封装。通过 transform 将从 env 获得的状态转换为智能体易于处理的形式。在使用 Observer 进行学习的情况下，在运行时也必须使用 Observer。这是因为学习后的智能体是以 Observer 的转换为前提的。

最后，让我们看一下 Logger。

代码清单 4-10

```python
class Logger():

    def __init__(self, log_dir="", dir_name=""):
        self.log_dir = log_dir
```

```
    if not log_dir:
        self.log_dir = os.path.join(os.path.dirname( file ), "logs")
    if not os.path.exists(self.log_dir):
        os.mkdir(self.log_dir)

    if dir_name:
        self.log_dir = os.path.join(self.log_dir, dir_name)
        if not os.path.exists(self.log_dir):
            os.mkdir(self.log_dir)

    self._callback = tf.compat.v1.keras.callbacks.TensorBoard(
                    self.log_dir)

@property
def writer(self):
    return self._callback.writer

def set_model(self, model):
    self._callback.set_model(model)

def path_of(self, file_name):
    return os.path.join(self.log_dir, file_name)

def describe(self, name, values, episode=-1, step=-1):
    mean = np.round(np.mean(values), 3)
    std = np.round(np.std(values), 3)
    desc = "{} is {} (+/-{})".format(name, mean, std)
    if episode > 0:
        print("At episode {}, {}".format(episode, desc))
    elif step > 0:
        print("At step {}, {}".format(step, desc))

def plot(self, name, values, interval=10):
    indices = list(range(0, len(values), interval))
    means = []
    stds = []
    for i in indices:
        _values = values[i:(i + interval)]
        means.append(np.mean(_values))
        stds.append(np.std(_values))
    means = np.array(means)
    stds = np.array(stds)
    plt.figure()
    plt.title("{} History".format(name))
```

```python
        plt.grid()
        plt.fill_between(indices, means - stds, means + stds,
                         alpha=0.1, color="g")
        plt.plot(indices, means, "o-", color="g",
                 label="{} per {} episode".format(name.lower(), interval))
        plt.legend(loc="best")
        plt.show()

    def write(self, index, name, value):
        summary = tf.compat.v1.Summary()
        summary_value = summary.value.add()
        summary_value.tag = name
        summary_value.simple_value = value
        self.writer.add_summary(summary, index)
        self.writer.flush()

    def write_image(self, index, frames):
        # 将一个'frames'作为一系列灰度图像处理
        last_frames = [f[:, :, -1] for f in frames]
        if np.min(last_frames[-1]) < 0:
            scale = 127 / np.abs(last_frames[-1]).max()
            offset = 128
        else:
            scale = 255 / np.max(last_frames[-1])
            offset = 0
        channel = 1  # 灰度
        tag = "frames_at_training_{}".format(index)
        values = []

        for f in last_frames:
            height, width = f.shape
            array = np.asarray(f * scale + offset, dtype=np.uint8)
            image = Image.fromarray(array)
            output = io.BytesIO()
            image.save(output, format="PNG")
            image_string = output.getvalue()
            output.close()
            image = tf.compat.v1.Summary.Image(
                        height=height, width=width, colorspace=channel,
                        encoded_image_string=image_string)
            value = tf.compat.v1.Summary.Value(tag=tag, image=image)
            values.append(value)

        summary = tf.compat.v1.Summary(value=values)
```

```
self.writer.add_summary(summary, index)
self.writer.flush()
```

Logger 的作用是记录学习的情况，其实现的核心是通过 TensorBoard 引用值所需的写出处理（`write` / `write_image`）。TensorBoard 是 TensorFlow 附带的工具，可以用图形实时展示学习进度（图 4-15）。不过 TensorBoard 是一个独立的工具，也可用于 TensorFlow 以外的工具。

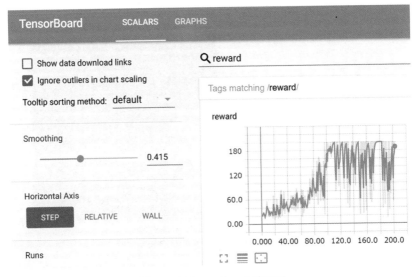

图 4-15　TensorBoard 的画面

`write_image` 函数用于绘制 Observer 处理的智能体正在观看的画面。由此我们可以检查是否已经执行了预期的预处理。在 TensorBoard 中，可以通过 "IMAGES" 选项卡查看画面（图 4-16）。

至此我们详细介绍了各个模块，将来的实现也将使用这个框架。

本节介绍了神经网络的基本结构和实现方式。我们了解了 $y=ax+b$ 这个简单的数学式实际上就等效于单层神经网络，并确认了其实现。另外，我们还确认了如何批量输入多组数据以及如何构建多层神经网络。本节还介绍了神经网络的学习是通过误差反向传播法进行的，该方法中误差传播的方向与通常的传播方向相反。在误差反向传播法中，通过链式法则计算各个参数的梯度，并通过最优化方法进行误差的应用。

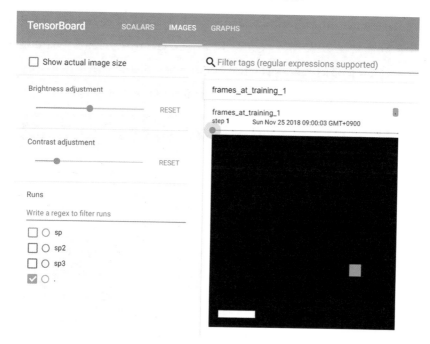

图 4-16 查看智能体正在观看的画面

作为针对特定任务的神经网络，我们了解了用于图像处理的 CNN。CNN 是一个重叠了多个卷积处理的神经网络。它的优点是能够直接将图像作为状态进行处理，而缺点是学习需要大量的计算资源。最后，我们介绍了在强化学习中使用神经网络时的框架。

读到这里，我们就具备了阅读本章接下来的内容所需要的理论知识和实践知识。下面，我们将使用神经网络进行强化学习。

4.2　通过含有参数的函数实现价值近似：价值函数近似

本节将介绍如何通过含有参数的函数来实现上一章使用表格（Q [s] [a]）

进行的价值近似。进行价值近似的函数称为**价值函数**（value function），学习（估计）价值函数的处理称为**价值函数近似**（value function approximation，简称为 function approximation）。使用价值函数的方法会根据价值函数的输出来选择行动。也就是说，这是基于价值的方法。

本节我们将创建一个根据价值函数选择行动的智能体，并试着将其应用于 *CartPole* 游戏中。*CartPole* 是一种左右移动小车以防止杆倒下的游戏（图 4-17）。它是 OpenAI Gym 中常用的环境之一，经常被用于各种示例。当然，价值函数将使用上一节介绍的神经网络。

图 4-17 *CartPole-v0* 环境：移动小车以防止杆倒下

CartPole 中有 4 种"状态"：小车的位置、加速度、杆的角度、杆倒下的速度（角速度），这些都是标量数值。"行动"是小车向左或向右移动，"奖励"始终为 1。如果杆倒下，则回合结束。也就是说，让杆坚持不倒的时间越长，获得的奖励越多。

上一节我们已经介绍了神经网络的结构以及实现框架，下面就让我们进行实现，示例代码来自文件 FN/value_function_agent.py。

首先实现智能体。

代码清单 4-11

```python
import random
import argparse
import numpy as np
from sklearn.neural_network import MLPRegressor
from sklearn.preprocessing import StandardScaler
from sklearn.pipeline import Pipeline
```

```python
from sklearn.externals import joblib
import gym
from fn_framework import FNAgent, Trainer, Observer


class ValueFunctionAgent(FNAgent):

    def save(self, model_path):
        joblib.dump(self.model, model_path)

    @classmethod
    def load(cls, env, model_path, epsilon=0.0001):
        actions = list(range(env.action_space.n))
        agent = cls(epsilon, actions)
        agent.model = joblib.load(model_path)
        agent.initialized = True
        return agent

    def initialize(self, experiences):
        scaler = StandardScaler()
        estimator = MLPRegressor(hidden_layer_sizes=(10, 10), max_
                                 iter=1)
        self.model = Pipeline([("scaler", scaler), ("estimator",
                               estimator)])

        states = np.vstack([e.s for e in experiences])
        self.model.named_steps["scaler"].fit(states)

        # 避免在学习之前进行预测
        self.update([experiences[0]], gamma=0)
        self.initialized = True
        print("Done initialization. From now, begin training!")

    def estimate(self, s):
        estimated = self.model.predict(s)[0]
        return estimated

    def _predict(self, states):
        if self.initialized:
            predicteds = self.model.predict(states)
        else:
            size = len(self.actions) * len(states)
            predicteds = np.random.uniform(size=size)
            predicteds = predicteds.reshape((-1, len(self.actions)))
        return predicteds
```

```
def update(self, experiences, gamma):
    states = np.vstack([e.s for e in experiences])
    n_states = np.vstack([e.n_s for e in experiences])

    estimateds = self._predict(states)
    future = self._predict(n_states)

    for i, e in enumerate(experiences):
        reward = e.r
        if not e.d:
            reward += gamma * np.max(future[i])
        estimateds[i][e.a] = reward

    estimateds = np.array(estimateds)
    states = self.model.named_steps["scaler"].transform(states)
    self.model.named_steps["estimator"].partial_fit(states,
                                                     estimateds)
```

initialize 中使用的 MLPRegressor 是价值函数。MLPRegressor 是 scikit-learn 提供的类，用它可以方便地实现神经网络。MLPRegressor (hidden_layer_sizes=(10, 10), max_iter=1) 是重叠了 2 个具有 10 个节点的隐藏层的神经网络。MLPRegressor 接收状态，并返回该状态下各种行动的价值。具体而言，就是接收小车的位置、加速度、杆的角度、角速度，并返回各种行动（向左或向右移动）的价值。

当在 MLPRegressor 中输入状态时，最好进行归一化（关于归一化，我们已经在上一节中进行了介绍）。因此，我们将用于状态归一化的 scaler（StandardScaler）与价值函数的实体 estimator（MLPRegressor）连接而成的管道（Pipeline）作为模型。scaler 在包含在 initialize 函数所获取的经验（experiences）中的状态下进行初始化。

self.update([experiences[0]], gamma=0) 这一处理是为了避免在学习之前就进行预测而引发异常。先根据一个经验进行学习（update），如果是在学习之前，则 _predict 会返回随机值。

update 实现的处理与 Q 学习相同。在预测结果 estimateds 中，实际采取行动的地方（estimateds[i][e.a]）可以根据"获得的奖励（e.r）+ 迁移后的价值"来更新。假设仅当存在下一个迁移目标（not e.d）时才生成迁移后的价值，并采取使价值最大化的行动（np.max(future[i])）。这个假设与 Q 学习相同。更新前后的差值正好就是 TD 误差（均方误差）。通过 partial_fit 调整参数，以使这个误差减小（如果使用 fit 而不是 partial_fit，那么到目前为止的学习结果都将被重置，并从头开始学习）。

图 4-18 所示为 update 的处理过程。

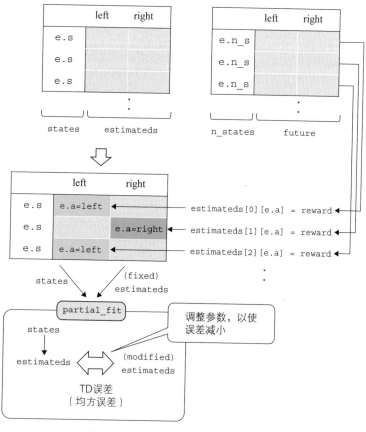

图 4-18　通过 update 进行的学习过程

图 4-18 中的 left 和 right 表示 *CartPole* 环境中的行动（小车向左或向右移动）。estimateds 是纵向为状态、横向为行动的表格，它与我们在上一章见过的 Q 表格（self.Q）非常相似。与基于 Q 表格的算法的不同之处在于，TD 误差用于更新价值函数的参数，而不是用于更新 Q 表格。

接下来，定义用于处理 *CartPole* 环境的 Observer。它只是将 4 个值整理成 1 行 4 列的形式。

代码清单 4-12

```
class CartPoleObserver(Observer):

    def transform(self, state):
        return np.array(state).reshape((1, -1))
```

然后定义进行学习的 Trainer。当准备学习（begin_train）时，进行智能体的初始化（agent.initialize），然后逐步进行学习（agent.update）。

代码清单 4-13

```
class ValueFunctionTrainer(Trainer):

    def train(self, env, episode_count=220, epsilon=0.1, initial_
            count=-1, render=False):
        actions = list(range(env.action_space.n))
        agent = ValueFunctionAgent(epsilon, actions)
        self.train_loop(env, agent, episode_count, initial_count,
                    render)
        return agent

    def begin_train(self, episode, agent):
        agent.initialize(self.experiences)

    def step(self, episode, step_count, agent, experience):
        if self.training:
            batch = random.sample(self.experiences, self.batch_size)
            agent.update(batch, self.gamma)
```

```
    def episode_end(self, episode, step_count, agent):
        rewards = [e.r for e in self.get_recent(step_count)]
        self.reward_log.append(sum(rewards))

        if self.is_event(episode, self.report_interval):
            recent_rewards = self.reward_log[-self.report_interval:]
            self.logger.describe("reward", recent_rewards,
                                 episode=episode)
```

最后，实现学习的过程。到目前为止，我们只是进行了模型的学习，而通过指定 play，则能够查看学习完的模型的动作。

代码清单 4-14

```
def main(play):
    env = CartPoleObserver(gym.make("CartPole-v0"))
    trainer = ValueFunctionTrainer()
    path = trainer.logger.path_of("value_function_agent.pkl")

    if play:
        agent = ValueFunctionAgent.load(env, path)
        agent.play(env)
    else:
        trained = trainer.train(env)
        trainer.logger.plot("Rewards", trainer.reward_log,
                            trainer.report_interval)
        trained.save(path)

if __name__ == "__main__":
    parser = argparse.ArgumentParser(description="VF Agent")
    parser.add_argument("--play", action="store_true",
                        help="play with trained model")

    args = parser.parse_args()
    main(args.play)
```

整个实现如图 4-19 所示。

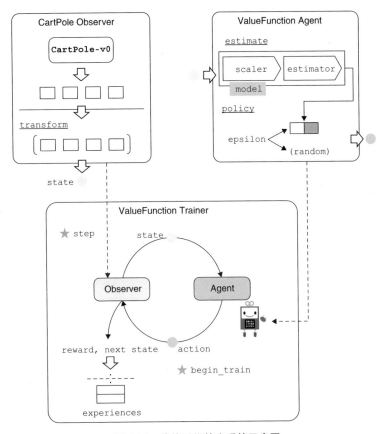

图 4-19　价值近似的实现的示意图

　　程序在 begin_train 和 step 中分别调用了智能体的初始化处理和学习过程。下面，让我们结合图 4-20 来理解这两个过程。

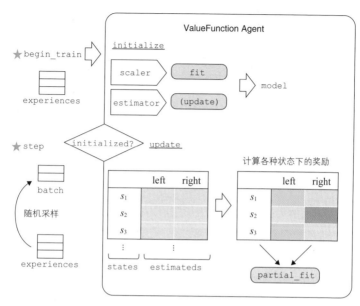

图 4-20 通过 Trainer 的调用执行的智能体的初始化处理和学习过程

在实际执行后，我们发现智能体所获得的奖励大体上会随着回合的增加而增加，也就是说，智能体正在学习如何移动小车，以使杆不会倒下（图 4-21）。

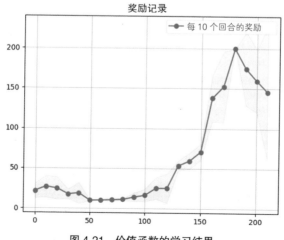

图 4-21 价值函数的学习结果

本节介绍了如何通过简单的神经网络来实现价值函数。下一节我们将尝试使用深度神经网络 CNN 来挑战玩游戏。

4.3 将深度学习应用于价值近似：DQN

因为用的是 CNN，所以本节的基本结构与上一节相同。但是，为了能够体验可以直接输入画面的优点，本节将换一个环境来展现。本节我们将挑战接球游戏 *Catcher*（图 4-22）。

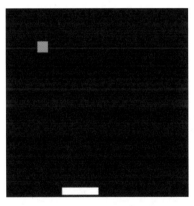

图 4-22 *Catcher* 的游戏画面
（引自 PyGame Learning Environment 网站）

Catcher 是一款用挡板来接从上面掉下来的球的游戏。如果可以接住，则奖励 +1；如果不能接住，则奖励 –1。这个游戏是使用 pygame 创建的，pygame 是一个使用 Python 来创建游戏的框架。PyGame-Learning-Environment（PLE）是集中了用 pygame 创建的游戏的环境，可以用于强化学习。另外，通过 OpenAl Gym 操作 PLE 需要插件 gym-ple。这 3 个组件应该都已经事先安装在所创建的环境中了。

输入 *Catcher* 画面，就可以输出各种行动的价值。现在我们的目的是使用 CNN 来构建这个网络并进行学习。*Catcher* 中有 3 种行动：挡板向左、挡板向右、停止。下面让我们看一下要实现的 CNN 的结构（图 4-23）。

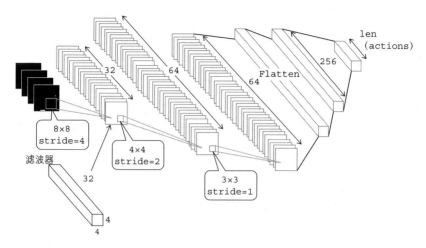

图 4-23 CNN 的结构

最左边的黑色图像是输入。在通常的 CNN 中，一般输入 RGB 或者灰度图像，但这次输入的是按照时间顺序排列的 4 个画面帧。网络包含 3 个卷积层，将最后一个卷积层的输出排成一列（图中的 Flatten），并通过正常的传播输出与 actions 大小相同的向量。输出的向量是各种行动的价值。

下面我们来看一下智能体的实现，示例代码来自文件 FN/dqn_agent.py。

代码清单 4-15

```
import random
import argparse
from collections import deque
import numpy as np
from tensorflow.python import keras as K
from PIL import Image
import gym
import gym_ple
from fn_framework import FNAgent, Trainer, Observer


class DeepQNetworkAgent(FNAgent):

    def __init__(self, epsilon, actions):
        super().__init__(epsilon, actions)
```

```python
        self._scaler = None
        self._teacher_model = None

    def initialize(self, experiences, optimizer):
        feature_shape = experiences[0].s.shape
        self.make_model(feature_shape)
        self.model.compile(optimizer, loss="mse")
        self.initialized = True
        print("Done initialization. From now, begin training!")

    def make_model(self, feature_shape):
        normal = K.initializers.glorot_normal()
        model = K.Sequential()
        model.add(K.layers.Conv2D(
            32, kernel_size=8, strides=4, padding="same",
            input_shape=feature_shape, kernel_initializer=normal,
            activation="relu"))
        model.add(K.layers.Conv2D(
            64, kernel_size=4, strides=2, padding="same",
            kernel_initializer=normal,
            activation="relu"))
        model.add(K.layers.Conv2D(
            64, kernel_size=3, strides=1, padding="same",
            kernel_initializer=normal,
            activation="relu"))
        model.add(K.layers.Flatten())
        model.add(K.layers.Dense(256, kernel_initializer=normal,
                                 activation="relu"))
        model.add(K.layers.Dense(len(self.actions),
                                 kernel_initializer=normal))
        self.model = model
        self._teacher_model = K.models.clone_model(self.model)

    def estimate(self, state):
        return self.model.predict(np.array([state]))[0]

    def update(self, experiences, gamma):
        states = np.array([e.s for e in experiences])
        n_states = np.array([e.n_s for e in experiences])

        estimateds = self.model.predict(states)
        future = self._teacher_model.predict(n_states)
```

```
for i, e in enumerate(experiences):
    reward = e.r
    if not e.d:
        reward += gamma * np.max(future[i])
    estimateds[i][e.a] = reward

loss = self.model.train_on_batch(states, estimateds)
return loss

def update_teacher(self):
    self._teacher_model.set_weights(self.model.get_weights())
```

用 initialize 构建模型，并设置 optimizer 以让模型进行学习。optimizer 由负责学习的 Trainer 传递。如上一节所述，loss = "mse" 的意思是最小化 TD 误差（均方误差）。这里的 mse 是均方误差的缩写。也就是说，即使神经网络换成了 CNN，学习机制也不会改变。

由 make_model 创建模型。该模型的结构如图 4-23 所示，可以确认图和代码是相对应的。

update 的处理过程与单层神经网络几乎相同。但是，迁移后的价值是根据 self._teacher_model 计算的。这是模型的副本，通过 update_teacher 从主模型复制参数。主模型在每次进行 update 时都会更新参数，而 self._teacher_model 的参数则是固定的，直到运行 update_teacher 为止。

根据 self._teacher_model（即在一定期间固定的参数）来计算迁移后的价值的方法称为 Fixed Target Q-Network，这是一种更加稳定的学习方法。如上所述，在利用主模型计算迁移后的价值的情况下，由于每次进行学习（train_on_batch）时参数都会变化，所以值每次都会变化。如果发生这种情况，那么用于学习的 TD 误差将不稳定，并最终导致学习也不稳定。因此，需要使用参数在一定期间固定的网络来计算迁移后的价值。

DQN（见书末本章的参考文献 [13]）与以往研究的不同之处在于，它不仅使用 CNN，而且还可以使学习稳定进行（不过，在 DQN 之前，也存在使用神经网络的研究）。具体而言，DQN 主要在 3 个方面下了功夫：经验回放、前面介绍的 Fixed Target Q-Network 和奖励剪裁（reward clipping）。奖励剪裁是指，在整个游戏中统一奖励，成功时奖励为 1，失败时奖励为 –1（有时也指学习时的梯度的限制）。但是这也存在一个缺点，就是无法对奖励加权（比如对表现特别好的行动给予更高的奖励等），后来发表的研究 "Learning values across many orders of magnitude" 和 "Multi-task Deep Reinforcement Learning with PopArt" 对此进行了讨论。

接下来，我们将实现测试用的 Agent。在测试用的 Agent 和测试环境（*CartPole*）中，对学习过程等网络结构（make_model）之外的部分进行测试。使用 CNN 进行学习非常耗时，因此先测试能够测试的部分。

代码清单 4-16

```
class DeepQNetworkAgentTest(DeepQNetworkAgent):

    def __init__(self, epsilon, actions):
        super().__init__(epsilon, actions)

    def make_model(self, feature_shape):
        normal = K.initializers.glorot_normal()
        model = K.Sequential()
        model.add(K.layers.Dense(64, input_shape=feature_shape,
                                 kernel_initializer=normal,
                                 activation="relu"))
        model.add(K.layers.Dense(len(self.actions),
                                 kernel_initializer=normal,
                                 activation="relu"))
        self.model = model
        self._teacher_model = clone_model(self.model)
```

接下来，准备一个 Observer 进行 *Catcher* 游戏。这次输入的是按时间顺序排列的 4 个画面帧，因此我们需要进行合并这 4 个帧的处理。对每帧进行灰度处理，并将其归一化为 0 ~ 1 的值。另外，由于游戏开始时 4 个帧没有对齐，所以要复制第 1 帧 4 次。

代码清单 4-17

```python
class CatcherObserver(Observer):

    def __init__(self, env, width, height, frame_count):
        super().__init__(env)
        self.width = width
        self.height = height
        self.frame_count = frame_count
        self._frames = deque(maxlen=frame_count)

    def transform(self, state):
        grayed = Image.fromarray(state).convert("L")
        resized = grayed.resize((self.width, self.height))
        resized = np.array(resized).astype("float")
        normalized = resized / 255.0  # 归一化为0 ~ 1的值
        if len(self._frames) == 0:
            for i in range(self.frame_count):
                self._frames.append(normalized)
        else:
            self._frames.append(normalized)
        feature = np.array(self._frames)
        # 将特征图的形状由(f, h, w)转换成(h, w, f)
        feature = np.transpose(feature, (1, 2, 0))

        return feature
```

现在我们已经有了 Agent 和 Observer，下面来定义进行学习的 Trainer。

代码清单 4-18

```python
class DeepQNetworkTrainer(Trainer):

    def __init__(self, buffer_size=50000, batch_size=32,
                 gamma=0.99, initial_epsilon=0.5, final_epsilon=1e-3,
                 learning_rate=1e-3, teacher_update_freq=3,
                 report_interval=10, log_dir="", file_name=""):
        super().__init__(buffer_size, batch_size, gamma,
                         report_interval, log_dir)
        self.file_name = file_name if file_name else "dqn_agent.h5"
        self.initial_epsilon = initial_epsilon
        self.final_epsilon = final_epsilon
        self.learning_rate = learning_rate
```

```
        self.teacher_update_freq = teacher_update_freq
        self.loss = 0
        self.training_episode = 0

    def train(self, env, episode_count=1200, initial_count=200,
              test_mode=False, render=False):
        actions = list(range(env.action_space.n))
        if not test_mode:
            agent = DeepQNetworkAgent(1.0, actions)
        else:
            agent = DeepQNetworkAgentTest(1.0, actions)
        self.training_episode = episode_count

        self.train_loop(env, agent, episode_count, initial_count,
                        render)
        agent.save(self.logger.path_of(self.file_name))
        return agent

    def episode_begin(self, episode, agent):
        self.loss = 0

    def begin_train(self, episode, agent):
        optimizer = K.optimizers.Adam(lr=self.learning_rate,
                                      clipvalue=1.0)
        agent.initialize(self.experiences, optimizer)
        self.logger.set_model(agent.model)
        agent.epsilon = self.initial_epsilon
        self.training_episode -= episode

    def step(self, episode, step_count, agent, experience):
        if self.training:
            batch = random.sample(self.experiences, self.batch_size)
            self.loss += agent.update(batch, self.gamma)

    def episode_end(self, episode, step_count, agent):
        reward = sum([e.r for e in self.get_recent(step_count)])
        self.loss = self.loss / step_count
        self.reward_log.append(reward)
        if self.training:
            self.logger.write(self.training_count, "loss",
                              self.loss)
            self.logger.write(self.training_count, "reward", reward)
            self.logger.write(self.training_count, "epsilon",
                              agent.epsilon)
```

```
            if self.is_event(self.training_count,
                            self.report_interval):
                agent.save(self.logger.path_of(self.file_name))
            if self.is_event(self.training_count,
                            self.teacher_update_freq):
                agent.update_teacher()

            diff = (self.initial_epsilon - self.final_epsilon)
            decay = diff / self.training_episode
            agent.epsilon = max(agent.epsilon - decay,
                            self.final_epsilon)

    if self.is_event(episode, self.report_interval):
        recent_rewards = self.reward_log[-self.report_interval:]
        self.logger.describe("reward", recent_rewards,
                            episode=episode)
```

可以看到，现在的 buffer_size 比上一节中的大一个数量级。通常从画面上进行学习确实需要大量的资源。

使用 begin_train 初始化模型，并通过 step 进行学习，这一基本流程与上一节相同。begin_train 使用 K.optimizers.Adam 作为最优化方法。这与 scikit-learn 中使用的 Optimizer 相同。

episode_end 记录了奖励和误差（loss），用 agent.save 保存学习过程中的模型。如果学习已经开始，则以 self.teacher_update_freq 的频率更新用于计算迁移后的价值的模型。之前智能体的 epsilon（agent.epsilon）是固定的，但是这次的取值会随着每次运行而减小。这意味着随着学习的进行，采取随机行动的概率将降低。

在使用 CNN 时，以这种方式进行学习需要调整很多参数。

最后，我们来实现进行学习的代码。作为运行时的可选项，可以使用 --test 表示用于测试的智能体的学习，使用 --play 表示用学习好的模型来玩游戏。

代码清单 4-19

```python
def main(play, is_test):
    file_name = "dqn_agent.h5" if not is_test else "dqn_agent_test.h5"
    trainer = DeepQNetworkTrainer(file_name=file_name)
    path = trainer.logger.path_of(trainer.file_name)
    agent_class = DeepQNetworkAgent

    if is_test:
        print("Train on test mode")
        obs = gym.make("CartPole-v0")
        agent_class = DeepQNetworkAgentTest
    else:
        env = gym.make("Catcher-v0")
        obs = CatcherObserver(env, 80, 80, 4)
        trainer.learning_rate = 1e-4

    if play:
        agent = agent_class.load(obs, path)
        agent.play(obs, render=True)
    else:
        trainer.train(obs, test_mode=is_test)


if __name__ == "__main__":
    parser = argparse.ArgumentParser(description="DQN Agent")
    parser.add_argument("--play", action="store_true",
                        help="play with trained model")
    parser.add_argument("--test", action="store_true",
                        help="train by test mode")

    args = parser.parse_args()
    main(args.play, args.test)
```

下面就让我们开始学习（图 4-24）。在使用游戏画面作为输入进行学习时，GPU 是必不可少的。使用 GPU 可能都要花费几个小时，而如果没有 GPU，则可能要花费好几天。

奖励

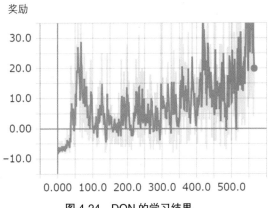

图 4-24　DQN 的学习结果

可以看到，随着学习的进行，智能体可以获得奖励（ = 能够接到球 ）。然而，与其他学习方法不同的是，目标函数的值（ loss ）不会随着学习的进行而下降[①]。这是因为在强化学习中，如果行动发生变化，则数据（经验）也会发生变化。

本节实现的 DQN 目前已经有了诸多改进版本。提出 DQN 的 Deep Mind 发布了一种名为 Rainbow 的模型，该模型内置了 6 种出色的改进版本（加上 DQN 共 7 种，成为 7 色的 Rainbow ）。

下面就让我们来分别看一下 Rainbow 内置的 6 种技术（见书末本章的参考文献 [17] ）。

1. Double DQN

这是一种提高价值估计精度的方法。Q 值的计算中肯定包括了正、负噪声，但是在计算最大值时，始终会采用正噪声，因此其实总的价值被高估了，这一现象称为**过估计**（ over estimation ）。高估的问题因行动价值的最大值和行动选择的最大值而被加剧，因此需要使用 Double DQN 将两者分开。

---

① 其实随着学习的进行，模型越来越有可能成功获得奖励，值也会相应地在波动中下降。——译者注

2. Prioritized Replay

这是一种提高学习效率的方法。具体来说，就是并非简单地根据经验回放随机采样，而是优先考虑对学习效果较高，即 TD 误差较大的样本进行采样。不过，为了使学习不偏向 TD 误差较大的样本，还需要与随机采样一起进行，并通过参数调整比例。

3. Dueling Network

这是一种提高价值估计的精度的方法。将状态本身的价值和各种状态下的行动的价值分开计算。由此，能够分别掌握状态价值和行动价值。

4. Multi-step Learning

这是一种提高价值估计的估计精度的方法。该方法不是最近才提出的，而是很早以前（20 世纪 80 年代）就有的（上一章中也有所介绍）。这是一种介于 Q 学习和蒙特卡洛方法之间的方法，根据"n-step 的奖励"和"n-step 之后的状态价值"进行校正。以下是 $n=3$ 时的公式：

$$\delta = r_{t+1} + \gamma r_{t+2} + \gamma^2 r_{t+3} + \gamma^3 \max_a Q(s_{t+3}, a) - Q(s_t, a_t)$$

n 的设定是非常敏感的，但是 Rainbow 的实验表明，当 n 取值为 3 或 5，尤其是 3 时，在 Atari 游戏中效果是不错的。

5. Distributional RL

这是一种提高价值估计的估计精度的方法。通常用期望值表示奖励，即所有情况下的平均值。

而 Distributional RL 将奖励视为分布，其平均值和方差根据状态和行动的变化而变化。图 4-25 所示为在一个名为 *FREEWAY* 的游戏中的实验。*FREEWAY* 的游戏规则是让一只鸡从下向上移动，并且需要避免撞到汽车。在图 4-25 的左图中，因为车还离得很远，所以不管采取什么行动，都是同样的奖励分布，但我们可以发现，当汽车接近时，向上或向下移动得越远，所对应的奖励分布的平均值就越高。

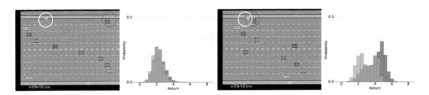

图 4-25 各种状态下的奖励分布的差异

（引自"A Distributional Perspective on Reinforcement Learning"中的图 15）

通过方差参数，可以表现期望值相同但奖励不同的情况。像这样，Distributional RL 通过根据状态和行动来假设奖励分布，能够提高奖励的表现力。

6. Noisy Nets

这是一种提高探索效率的方法。Epsilon-Greedy 算法中 `epsilon` 的设定和调整是非常敏感的。Noisy Nets 是一种让网络学习 `epsilon` 的设定的方法。下面是通常的全连接层和 Noisy Nets 的比较。

全连接层的处理

$$y = Wx + b$$

Noisy Nets 的处理

$$y = (W + \sigma^w \odot \epsilon^w)x + (b + \sigma^b \odot \epsilon^b)$$

ϵ 是随机噪声，σ 用来调整添加的噪声量（$\odot$ 是元素乘积）。也就是说，对随机的程度进行学习。如果 $\sigma = 0$，则与全连接层的处理完全相同。

从这 6 种方法的效果来看，Prioritized Replay 和 Multi-step Learning 很显著，接着是 Distributional RL、Noisy Nets、Double DQN 和 Dueling Network。不过，这是总体平均水平的排序，具体哪种方法最有效是取决于游戏的。图 4-26 所示为从 Rainbow 中删除各种方法后的效果。

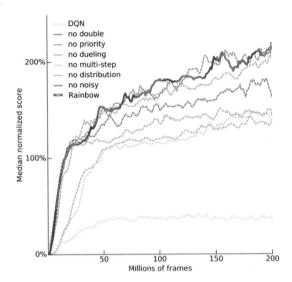

图 4-26 Rainbow 中各种改进方法的贡献度
（引自 "Rainbow: Combining Improvements in Deep Reinforcement Learning"
中的图 3）

　　围绕强化学习今后还会有许多新的方法出现。无论是自己设计新方法，还是去学习别人提出的新方法，事先了解优秀的方法都是很好的开端。

　　4.2 节和 4.3 节介绍了如何通过函数实现价值近似。首先，我们实现了一个简单的神经网络，然后进行了使用 CNN 的 DQN 的实现。DQN 的改进方法有很多，我们对其中的 Rainbow 进行了说明。

　　接下来，让我们看一下如何通过函数实现策略。

4.4　通过含有参数的函数实现策略：策略梯度

　　策略也可以通过含有参数的函数来表示。这是一种以状态为自变量并输出行动或行动概率的函数。

　　但是，策略的参数更新并非易事。在价值近似中，我们有一个明确的目标，就是让估计值更接近于实际值。但是，策略输出的行动和行动概率无法与可以计算的价值直接比较。在这种情况下，应该如何进行学习呢？

价值的期望值是一个线索。回想一下，我们在第2章中引入贝尔曼方程时，通过将各种行动的概率和价值相乘计算得到了期望值：

$$V_\pi(s) = \sum_a \pi(a\,|\,s) \sum_{s'} T(s'\,|\,s, a)[R(s, s') + \gamma V_\pi(s')]$$

上式是状态的价值，这次我们要考虑的是策略的价值。计算本身只是增加一个概率，由"（根据策略）进行状态迁移的概率""行动概率"和"行动价值"计算期望值 $J(\theta)$：

$$J(\theta) \propto \sum_{s \in S} d^{\pi_\theta}(s) \sum_{a \in A} \pi_\theta(a\,|\,s) Q^{\pi_\theta}(s, a)$$

$d^{\pi_\theta}(s)$ 是根据策略 π_θ（具有参数 θ 的函数）迁移到状态 s 的概率，$\pi_\theta(a\,|\,s)$ 是采取行动 a 的概率（行动概率），$Q^{\pi_\theta}(s, a)$ 是行动价值。首先，将行动价值乘以行动概率，得到状态价值。然后，将状态价值再乘以迁移概率，来计算得到期望值。

注意，上式并不是等式，而是由 $\propto$（proportional to）这个表示比例关系的符号连接，这是因为 $J(\theta)$ 与平均回合长度成正比。这里我们不对此进行详细说明，因为它会使公式的推导变得复杂，如果想了解详细信息，请参考《强化学习（第2版）》。

那么，如何使期望值 $J(\theta)$ 最大化呢? 直观地说，只要将较高的概率分配给预计能得到更高奖励的行动，将较低的概率分配给预计得到较低奖励的行动即可。我们可以使用梯度法完成这种参数的调整，这种方法也用于神经网络的最优化。常规的梯度法的目标是最小化，而这次我们希望使期望值最大化，所以将其乘以负号，从而将最小化转变为最大化。由于该方法使用梯度法对策略的参数进行最优化，所以称为**策略梯度**（policy gradient）。

期望值的梯度 $\nabla J(\theta)$ 如下：

$$\nabla J(\theta) \propto \sum_{s \in S} d^{\pi_\theta}(s) \sum_{a \in A} \nabla \pi_\theta(a \mid s) Q^{\pi_\theta}(s, a)$$

我们可以根据策略梯度定理（policy gradient theorem）来推导该式。由于迁移到状态的概率 $d^{\pi_\theta}(s)$ 和行动价值 $Q^{\pi_\theta}(s, a)$ 都取决于策略，所以上式的推导需要进行数学式的展开。不过展开需要用到数学知识，而且其本身不涉及实现，因此这里也不再详述，感兴趣的读者同样请参考《强化学习（第 2 版）》。

我们可以将期望值的移动方向，也就是梯度 $\nabla J(\theta)$ 转换为"概率 × 值"这样的期望值形式。首先，根据对数微分的定义，将 $\nabla \pi_\theta(a \mid s)$ 如下变形：

$$\nabla \pi_\theta(a \mid s) = \pi_\theta(a \mid s) \frac{\nabla \pi_\theta(a \mid s)}{\pi_\theta(a \mid s)} = \pi_\theta(a \mid s) \nabla \ln \pi_\theta(a \mid s)$$

将 $\nabla J(\theta)$ 代入上式，得到：

$$\nabla J(\theta) \propto \sum_{s \in S} d^{\pi_\theta}(s) \sum_{a \in A} \pi_\theta(a \mid s) \nabla \ln \pi_\theta(a \mid s) Q^{\pi_\theta}(s, a)$$

该式可以认为 $d^{\pi_\theta}(s)$、$\pi_\theta(a \mid s)$ 是概率，$\nabla \ln \pi_\theta(a \mid s) Q^{\pi_\theta}(s, a)$ 是值。由于期望值可以写成 E [值] 的形式，所以上式可以写成：

$$\nabla J(\theta) \propto E_{\pi_\theta}[\nabla \ln \pi_\theta(a \mid s) Q^{\pi_\theta}(s, a)]$$

$\nabla \ln \pi_\theta(a \mid s) Q^{\pi_\theta}(s, a)$ 可以解释为梯度 $\nabla \ln \pi_\theta(a \mid s)$ 是移动方向，行动价值 $Q^{\pi_\theta}(s, a)$ 是移动的程度，如图 4-27 所示。

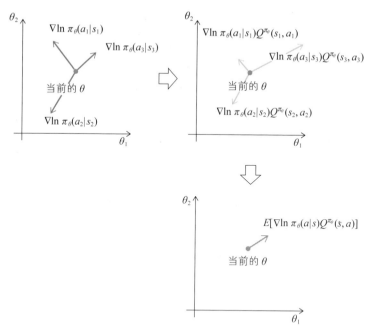

图 4-27　通过策略梯度更新策略函数的流程

在该图中有两个参数 θ_1、θ_2，当前的 θ 由 θ_1、θ_2 轴上的一个点表示。首先，对于每个 (s, a)，计算梯度 $\nabla \ln \pi_\theta(a|s)$，即参数移动的方向。将其乘以价值 $Q^{\pi_\theta}(s, a)$，也就是移动的程度。其平均值（期望值）$\nabla J(\theta)$ 就是整体前进的方向。数学式的变换似乎很难，但如果结合图来看，就没有那么难理解了。

现在我们已经知道了如何学习策略，下面开始进行实现。这里有一点请注意，那就是策略梯度不能使用过去的行动记录（经验回放）。

在策略梯度中，我们以提高期望值为目标进行了学习。在计算期望值时使用了状态迁移概率和行动概率，但是此时的"概率"必须是当前策略下的概率。如果使用过去的行动记录，则在当前策略以外的策略下采取的行动也将影响概率的计算，从而无法进行准确的评价。而在价值近似的情况下，因为始终选择价值最大的行动，所以不会发生此问题。

　　有一种方法可以在策略梯度中使用经验回放, 那就是 Off-Policy Actor-Critic (见书末本章的参考文献 [30])。之所以这样称呼, 是因为该方法通过 Off-policy 策略进行经验的采样。由于使用已知的 (适当的) 策略进行采样, 所以称为 behaviour policy (β)。

　　Off-Policy Actor-Critic 根据 behaviour policy 的状态迁移来计算期望值。即使状态迁移不是实际策略, 如果 behaviour policy 迁移到各种状态, 则在任何状态 (目标) 下均有效的策略, 其期望值应高于仅在特定状态下才有效的策略。然而 behaviour policy ($\beta(a|s)$) 与实际的策略 ($\pi(a|s)$) 的行动概率不同, 因此需要调整。为了进行这个调整, 我们引入了实际策略相对于 behaviour policy 的权重 $\dfrac{\pi_\theta(a|s)}{\beta_\theta(a|s)}$。以下是 Off-Policy Actor-Critic 的梯度:

$$\nabla_\theta J_\beta(\pi_\theta) = E_{s\sim\rho^\beta,\, a\sim\beta}[\frac{\pi_\theta(a|s)}{\beta_\theta(a|s)}\nabla\ln\pi_\theta(a|s)Q^{\pi_\theta}(s,a)]$$

　　如果策略 $\pi(a|s)$ 是确定性的, 则在计算期望值时就不必考虑行动概率了 ("确定性" 是指采取某种行动的概率为 1)。这就免除了通过权重来调整行动概率的必要。确定性策略梯度 (Deterministic Policy Gradient, DPG) 在这一条件下进行更新。本章将分别对 DPG 和应用了深度学习的 DDPG 算法进行说明。

　　使用 Off-Policy Actor-Critic 更新策略, 可以收集到比 behaviour policy 更加广泛的经验。Off-Policy Actor-Critic 算法现已发展成为 ACER (Actor Critic with Experience Replay) 算法等 (见书末本章的参考文献 [31])。请注意, 在将经验回放用于通过期望值进行学习的方法 (例如策略梯度) 时, 需要进行一些调整。

　　说了这么多, 现在我们开始实现。首先, 使用策略梯度来挑战上一节的 *CartPole* 游戏, 示例代码来自文件 FN/policy_gradient_agent.py。

　　首先实现 Agent。

代码清单 4-20

```
import os
import argparse
import numpy as np
from sklearn.preprocessing import StandardScaler
from sklearn.externals import joblib
import tensorflow as tf
from tensorflow.python import keras as K
import gym
from fn_framework import FNAgent, Trainer, Observer, Experience
tf.compat.v1.disable_eager_execution()


class PolicyGradientAgent(FNAgent):

    def __init__(self, actions):
        # PolicyGradientAgent使用自身的策略（而非epsilon）
        super().__init__(epsilon=0.0, actions=actions)
        self.estimate_probs = True
        self.scaler = StandardScaler()
        self._updater = None

    def save(self, model_path):
        super().save(model_path)
        joblib.dump(self.scaler, self.scaler_path(model_path))

    @classmethod
    def load(cls, env, model_path):
        actions = list(range(env.action_space.n))

        agent = cls(actions)
        agent.model = K.models.load_model(model_path)
        agent.initialized = True
        agent.scaler = joblib.load(agent.scaler_path(model_path))
        return agent

    def scaler_path(self, model_path):
        fname, _ = os.path.splitext(model_path)
        fname += "_scaler.pkl"
        return fname

    def initialize(self, experiences, optimizer):
        states = np.vstack([e.s for e in experiences])
```

```python
        feature_size = states.shape[1]
        self.model = K.models.Sequential([
            K.layers.Dense(10, activation="relu", input_shape=(feature_size,)),
            K.layers.Dense(10, activation="relu"),
            K.layers.Dense(len(self.actions), activation="softmax")
        ])
        self.set_updater(optimizer)
        self.scaler.fit(states)
        self.initialized = True
        print("Done initialization. From now, begin training!")

    def set_updater(self, optimizer):
        actions = tf.compat.v1.placeholder(shape=(None), dtype="int32")
        rewards = tf.compat.v1.placeholder(shape=(None), dtype="float32")
        one_hot_actions = tf.one_hot(actions, len(self.actions), axis=1)
        action_probs = self.model.output
        selected_action_probs = tf.reduce_sum(one_hot_actions * action_
                                              probs, axis=1)
        clipped = tf.clip_by_value(selected_action_probs, 1e-10, 1.0)
        loss = - tf.math.log(clipped) * rewards
        loss = tf.reduce_mean(loss)

        updates = optimizer.get_updates(loss=loss, params=self.model.
                                        trainable_weights)
        self._updater = K.backend.function(
                                        inputs=[self.model.input,
                                                actions, rewards],
                                        outputs=[loss],
                                        updates=updates)

    def estimate(self, s):
        normalized = self.scaler.transform(s)
        action_probs = self.model.predict(normalized)[0]
        return action_probs

    def update(self, states, actions, rewards):
        normalizeds = self.scaler.transform(states)
        actions = np.array(actions)
        rewards = np.array(rewards)
        self._updater([normalizeds, actions, rewards])
```

init 将 epsilon 设为零。这是因为如果包括随机的行动，则无法计算基于当前策略的概率。策略梯度可以确保基于策略选择所有行动。

由 `initialize` 定义的模型与价值函数的实现相同。模型包含 2 个隐藏层，每个隐藏层都有 10 个节点，输出与行动个数相同。不过，这次的模型是使用 TensorFlow 的内部模块 Keras 构建的。另外，输出的并不是各种状态下各种行动的价值，而是采取各种行动的概率。因此，最后的 `activation` 是计算概率的 `"softmax"`。

使用 `set_updater` 来更新参数。在更新参数时，必须计算 $\ln \pi_\theta(a|s) Q^{\pi_\theta}(s, a)$ 的期望值，首先，根据行动概率 $\pi_\theta(a|s)$ 进行计算，计算过程如图 4-28 所示。$\pi_\theta(a|s)$ 在图中对应于 `selected_action_probs`。

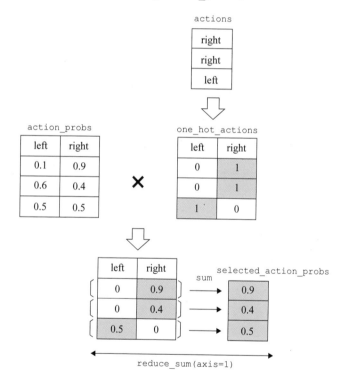

图 4-28 selected_action_probs 的计算过程

求取 $\pi_\theta(a|s)$ 后，再取对数（$\ln \pi_\theta(a|s)$）。如果取对数时概率为 0，则该值将发散到无穷大，因此需要对概率值的范围加以限制（clipped）。

我们对 $Q^{\pi_\theta}(s, a)$ 使用了 rewards，这是奖励的折现值。换句话说，通过蒙特卡洛方法计算价值。将概率的对数（$\ln \pi_\theta(a \mid s)$）乘以行动价值（$Q^{\pi_\theta}(s, a)$），得到 $\ln \pi_\theta(a \mid s)Q^{\pi_\theta}(s, a)$。使用 tf.reduce_mean 计算这个期望值（= 平均值）。如上所述，为了使用梯度法使其最大化，将该值取负。

在这个阶段，$\ln \pi_\theta(a \mid s)Q^{\pi_\theta}(s, a)$ 还没有标上 ∇。∇ 的计算，也就是梯度的计算由 optimizer.get_updates 完成。现在正式得到了 $\nabla \ln \pi_\theta(a \mid s)Q^{\pi_\theta}(s, a)$ 的期望值 $\nabla J(\theta)$。为了将更新函数化，使用 K.backend.function 生成进行参数更新（updates）的函数，这个函数将状态（self.model.input）、实际采取的行动（actions），以及相应的奖励（rewards）作为参数。

处理环境的 Observer 与 4.2 节相同。

代码清单 4-21

```
class CartPoleObserver(Observer):

    def transform(self, state):
        return np.array(state).reshape((1, -1))
```

最后，我们来实现进行学习的 Trainer。

代码清单 4-22

```
class PolicyGradientTrainer(Trainer):

    def __init__(self, buffer_size=256, batch_size=32, gamma=0.9,
                 report_interval=10, log_dir=""):
        super().__init__(buffer_size, batch_size, gamma,
                         report_interval, log_dir)

    def train(self, env, episode_count=220, initial_count=-1, render=False):
        actions = list(range(env.action_space.n))
        agent = PolicyGradientAgent(actions)
        self.train_loop(env, agent, episode_count, initial_count, render)
        return agent

    def episode_begin(self, episode, agent):
```

```
        if agent.initialized:
            self.experiences = []

    def make_batch(self, policy_experiences):
        length = min(self.batch_size, len(policy_experiences))
        batch = random.sample(policy_experiences, length)
        states = np.vstack([e.s for e in batch])
        actions = [e.a for e in batch]
        rewards = [e.r for e in batch]
        scaler = StandardScaler()
        rewards = np.array(rewards).reshape((-1, 1))
        rewards = scaler.fit_transform(rewards).flatten()
        return states, actions, rewards

    def episode_end(self, episode, step_count, agent):
        rewards = [e.r for e in self.get_recent(step_count)]
        self.reward_log.append(sum(rewards))

        if not agent.initialized:
            if len(self.experiences) == self.buffer_size:
                optimizer = K.optimizers.Adam(lr=0.01)
                agent.initialize(self.experiences, optimizer)
                self.training = True
        else:
            policy_experiences = []
            for t, e in enumerate(self.experiences):
                s, a, r, n_s, d = e
                d_r = [_r * (self.gamma ** i) for i, _r in
                        enumerate(rewards[t:])]
                d_r = sum(d_r)
                d_e = Experience(s, a, d_r, n_s, d)
                policy_experiences.append(d_e)

            agent.update(*self.make_batch(policy_experiences))

        if self.is_event(episode, self.report_interval):
            recent_rewards = self.reward_log[-self.report_interval:]
            self.logger.describe("reward", recent_rewards,
                                episode=episode)
```

使用当前的策略运行一个回合后（episode_end）进行更新。如上所述，现在我们使用的价值是折现值，其计算如图 4-29 所示。

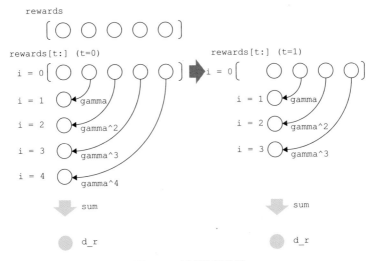

图 4-29　折现值的计算

我们使用 agent.update 来更新策略。通过 scaler 对折现值进行归一化，然后传递值（make_batch）。归一化的效果在介绍神经网络的结构时已经讲解过了。

最后，实现学习的处理过程。

代码清单 4-23

```
def main(play):
    env = CartPoleObserver(gym.make("CartPole-v0"))
    trainer = PolicyGradientTrainer()
    path = trainer.logger.path_of("policy_gradient_agent.h5")

    if play:
        agent = PolicyGradientAgent.load(env, path)
        agent.play(env)
    else:
        trained = trainer.train(env)
        trainer.logger.plot("Rewards", trainer.reward_log,
                            trainer.report_interval)
        trained.save(path)
```

```
if __name__ == "__main__":
    parser = argparse.ArgumentParser(description="PG Agent")
    parser.add_argument("--play", action="store_true",
                        help="play with trained model")

    args = parser.parse_args()
    main(args.play)
```

运行结果如图 4-30 所示。

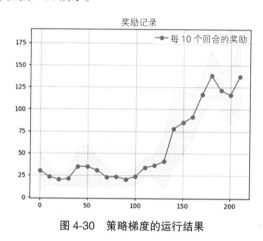

图 4-30　策略梯度的运行结果

与价值函数（图 4-21）相比，策略梯度要花更长时间才能达到足够大的奖励。另外，执行的结果也有所不同。

现在策略梯度中使用的价值是折现值，这个价值的选择有不同的方式。读过上一章的读者可能会首先想到使用 $Q^{\pi_\theta}(s, a)$ 的方法，而无须等待回合结束。正如在上一章中介绍的那样，使用价值的估计值 $Q^{\pi_\theta}(s, a)$ 可以减少对特定回合经验的依赖，这称为 unbiased 价值。反之，基于折现值的价值则称为 biased 价值。

而使用 Actor Critic 框架，还可以不在策略（Actor）侧，而在 Critic 侧计算 $Q^{\pi_\theta}(s, a)$。如果 Critic 侧的参数为 w，则可以按如下方式求解梯度：

$$\nabla J(\theta) = E[\nabla_\theta \ln \pi_\theta(a \mid s) Q_w(s, a)]$$

尽管添加了 Critic 参数，但梯度其实只有策略的参数 θ 而已（$\nabla_\theta \ln \pi_\theta(a|s)$）。这一点在价值函数侧（Critic）也可以通过策略侧（Actor）的梯度进行最优化，而且策略侧的价值（$Q^{\pi_\theta}(s, a)$）与价值函数的价值（$Q_w(s, a)$）最终会趋于一致的情况下成立。这个定理称为 Compatible Function Approximation Theorem。也就是说，可以根据与价值函数相同的评价结果来决定策略。

另一种方法是使用行动的相对价值。这是一种通过减去状态价值来评价行动的方法。这是因为，各种状态下的行动价值 $Q(s, a)$ 相比行动更依赖于状态。例如，在上班时，如果电车晚点，那么无论如何都会迟到。像这样，价值往往高度依赖于状态本身。因此，我们按以下方式计算行动价值：

$$A(s, a) = Q_w(s, a) - V_v(s)$$

从 $Q_w(s, a)$ 减去状态价值 $V_v(s)$ 得到的 $A(s, a)$ 是更加纯粹的行动价值，称为 Advantage。但是如果用这种方法，除了计算 $Q_w(s, a)$ 的函数之外，还需要计算 $V_v(s)$ 的函数。因此，我们也可以将折现值作为 $Q_w(s, a)$，并从中减去 $V_v(s)$ 以计算 Advantage。在使用 Advantage 时，梯度如下计算：

$$\nabla J(\theta) = E[\nabla_\theta \ln \pi_\theta(a|s) A(s, a)]$$

如果将 $\pi_\theta(a|s)$ 作为 Actor，将计算 Advantage 所需的 $V_v(s)$ 作为 Critic，则可以通过 Actor Critic 方法进行学习。这就是下一节将要介绍的 Advantage Actor Critic（A2C）算法。

使用价值的估计值 $Q_w(s, a)$ 和行动的相对价值 Advantage，学习过程会比仅使用折现值时更稳定。

4.5　将深度学习应用于策略：A2C

就像将 DNN 应用于价值函数一样，我们也可以将 DNN 应用于策略函数。具体而言，函数通过输入游戏画面，直接输出行动、行动概率。

策略梯度有几个变种，本节将使用基于 Advantage 的 Actor Critic 算法，也就是被称为 A2C 的算法。虽然 A2C 这个名字本身仅表示 Advantage Actor Critic，但其实 A2C 算法还包括在分布式环境中并行收集经验的方法。本节只实现 A2C 的部分，关于在分布式环境中收集经验的内容则只进行简单的介绍。

A2C 中之所以包括在分布式环境中收集经验的方法，是因为在 A2C 之前还发表了 A3C（Asynchronous Advantage Actor Critic）算法（见书末本章的参考文献 [19]）。A3C 和 A2C 一样使用分布式环境，但是智能体不仅可以收集各种环境下的经验，还可以进行学习，这就是（各种环境下的）异步（asynchronous）学习。但是，A2C 的优点是，无须进行异步学习就能够获得足够的精度，甚至更高的精度。也就是说，不需要 3 个 "A"，2 个就足够了，所以称为 A2C。A2C 虽然没有进行异步学习，但是仍保留了在分布式环境中收集经验的方法。

在分布式环境中收集经验的目的是使学习的批次中的经验多样化，这与经验回放一样。经验回放是通过准备大的缓存并从中进行采样来保证多样化的，但在分布式环境中收集经验时，则可以在不同环境中收集不同的经验来确保多样化。也就是说，这是一种使用 "分身术" 建立多个副本，并将副本获得的经验传递给主体的形式。这样一来，无须大的缓存也能收集到各种各样的经验（图 4-31）。

A2C 和 A3C 的区别在于是仅共享经验还是同时也共享学习结果。在 "分身术" 的例子中，这就相当于是只有主体进行学习还是每个副本都具有学习能力。

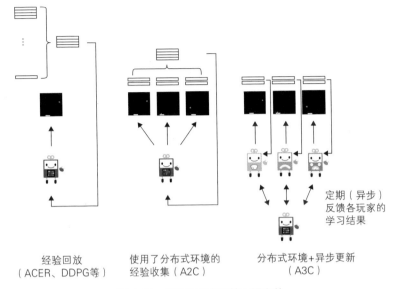

经验回放　　　　　使用了分布式环境的　　　分布式环境+异步更新
（ACER、DDPG等）　经验收集（A2C）　　　　　（A3C）

图 4-31　经验收集方法的不同之处

现在，让我们开始实现 A2C。我们使用的环境是 *Catcher*，要实现的网络如图 4-32 所示。与实现 DQN 时一样，以游戏画面作为输入（状态），输出的是行动（a）和用于计算 Advantage 的状态价值（$V(s)$）。另外，该行动是基于 $Q(s, a)$ 的值进行采样的。输出行动（a）的 Actor 和输出状态价值（$V(s)$）的 Critic 共享部分神经网络。

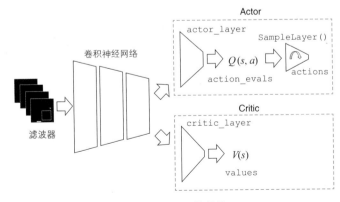

图 4-32　A2C 的结构

下面我们就来进行实现，示例代码来自文件 FN/a2c_agent.py。
首先实现 Agent。

代码清单 4-24

```python
import argparse
from collections import deque
import numpy as np
from sklearn.preprocessing import StandardScaler
import tensorflow as tf
from tensorflow.python import keras as K
from PIL import Image
import gym
import gym_ple
from fn_framework import FNAgent, Trainer, Observer
tf.compat.v1.disable_eager_execution()


class ActorCriticAgent(FNAgent):

    def __init__(self, actions):
        # ActorCriticAgent使用自身的策略（而非epsilon）
        super().__init__(epsilon=0.0, actions=actions)
        self._updater = None

    @classmethod
    def load(cls, env, model_path):
        actions = list(range(env.action_space.n))
        agent = cls(actions)
        agent.model = K.models.load_model(model_path, custom_objects={
                                "SampleLayer": SampleLayer})
        agent.initialized = True
        return agent

    def initialize(self, experiences, optimizer):
        feature_shape = experiences[0].s.shape
        self.make_model(feature_shape)
        self.set_updater(optimizer)
        self.initialized = True
        print("Done initialization. From now, begin training!")

    def make_model(self, feature_shape):
        normal = K.initializers.glorot_normal()
```

```
model = K.Sequential()
model.add(K.layers.Conv2D(
    32, kernel_size=8, strides=4, padding="same",
    input_shape=feature_shape,
    kernel_initializer=normal, activation="relu"))
model.add(K.layers.Conv2D(
    64, kernel_size=4, strides=2, padding="same",
    kernel_initializer=normal, activation="relu"))
model.add(K.layers.Conv2D(
    64, kernel_size=3, strides=1, padding="same",
    kernel_initializer=normal, activation="relu"))
model.add(K.layers.Flatten())
model.add(K.layers.Dense(256, kernel_initializer=normal,
                         activation="relu"))

actor_layer = K.layers.Dense(len(self.actions),
                             kernel_initializer=normal)
action_evals = actor_layer(model.output)
actions = SampleLayer()(action_evals)

critic_layer = K.layers.Dense(1, kernel_initializer=normal)
values = critic_layer(model.output)

self.model = K.Model(inputs=model.input,
                     outputs=[actions, action_evals, values])
```

由 `make_model` 创建的模型 Actor、Critic 共享部分网络（图 4-32）。Actor 根据在全连接层中计算出的值（$Q(s, a)$）通过 `SampleLayer()` 对行动（`actions`）进行采样。Critic 通过全连接层输出状态价值（`values`）。

构造好的神经网络的输出并不包括行动概率。但是在策略梯度中，如果没有行动概率，就无法计算梯度。让我们通过 `set_updater` 来看一下如何解决这一问题。

代码清单 4-25

```
def set_updater(self, optimizer,
                value_loss_weight=1.0, entropy_weight=0.1):
    actions = tf.compat.v1.placeholder(shape=(None), dtype="int32")
    values = tf.compat.v1.placeholder(shape=(None),
                                      dtype="float32")
```

```
    _, action_evals, estimateds = self.model.output

    neg_logs = tf.nn.sparse_softmax_cross_entropy_with_logits(
                logits=action_evals, labels=actions)
    # tf.stop_gradient: 防止policy_loss影响critic_layer
    advantages = values - tf.stop_gradient(estimateds)

    policy_loss = tf.reduce_mean(neg_logs * advantages)
    value_loss = tf.keras.losses.MeanSquaredError()(values,
                                          estimateds)
    action_entropy = tf.reduce_mean(self.categorical_
                          entropy(action_evals))

    loss = policy_loss + value_loss_weight * value_loss
    loss -= entropy_weight * action_entropy

    updates = optimizer.get_updates(loss=loss,
                        params=self.model.trainable_
                        weights)

    self._updater = K.backend.function(
                        inputs=[self.model.input,
                              actions, values],
                        outputs=[loss,
                              policy_loss,
                              value_loss,
                              tf.reduce_mean(neg_logs),
                              tf.reduce_mean(advantages),
                              action_entropy],
                        updates=updates)

def categorical_entropy(self, logits):
    a0 = logits - tf.reduce_max(logits, axis=-1, keepdims=True)
    ea0 = tf.exp(a0)
    z0 = tf.reduce_sum(ea0, axis=-1, keepdims=True)
    p0 = ea0 / z0
    return tf.reduce_sum(p0 * (tf.math.log(z0) - a0), axis=-1)

def policy(self, s):
    if not self.initialized:
        return np.random.randint(len(self.actions))
    else:
```

```
            action, action_evals, values = self.model.predict(np.
                                                        array([s]))
            return action[0]

    def estimate(self, s):
        action, action_evals, values = self.model.predict(np.
                                                        array([s]))
        return values[0][0]

    def update(self, states, actions, rewards):
        return self._updater([states, actions, rewards])
```

通过 set_updater 的 tf.nn.sparse_softmax_cross_entropy_ with_logits 求得 $-\ln \pi_\theta(a|s)$（= neg_logs）。也就是说，根据先前在策略梯度中实现的行动评价（action_evals）计算行动概率，从中获取实际采取的行动（actions）的概率，并在取对数后添加负号，将最大化问题转化成最小化问题。

A2C 中需要计算 Advantage（$A(s, a)$）。在代码实现中，如 Advantage 的定义所示，通过从 $Q(s, a)$（values）中减去 Critic 计算的状态价值 $V(s)$（estimateds）来计算。

Actor 通过 tf.reduce_mean(neg_logs*advantages) 来计算 $-\ln \pi_\theta(a|s)A(s, a)$ 的期望值，并通过学习使之最小化（= 使期望值最大化）。Critic 通过学习使价值（values）和估计值（estimateds）之间的误差（均方误差 =value_loss）最小化。这一系列的处理过程如图 4-33 所示。

需要注意的是，在计算 advantages 时，将 tf.stop_gradient 应用于 estimateds。这是为了防止 Actor 侧的目标函数（policy_loss）的梯度更新也被应用于 Critic 侧。Actor 侧和 Critic 侧的目标函数不同，因此只能分别通过各自的目标函数进行更新。

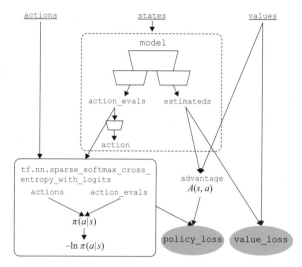

图 4-33　A2C 中参数更新的计算过程

　　如果要同时更新 Actor 和 Critic，则需要对 Actor 侧（policy_loss）与 Critic 侧（value_loss）的目标函数进行求和（loss）。另外，这里引入 action_entropy。引入 action_entropy 的原因是防止行动选择偏向于一种行动。在行动选择中，最好采用柔和的（= 高不确定性的 = 高熵的）概率分布方式，而不是某种行动的概率为 1、其他行动的概率为 0 这种极端的方式。"行动选择偏向于一种行动"是过拟合的状态，为了防止这种情况，value_loss 和 action_entropy 需要分别使用 value_loss_weight 和 entropy_weight 来调整概率分布。

　　剩下的实现包括用 policy 输出行动、用 estimate 输出状态价值，这样就完成了 Agent 的实现。

　　接下来定义的 SampleLayer 是用于根据行动评价（action_evals）来选择行动（actions）的层。对行动评价添加噪声并采样，也是用来打乱行动的一种措施（防止过拟合），这种采样方法称为 Gumbel Max Trick。它可以高效地基于概率来选择多个选项（从类别分布中采样）。

代码清单 4-26

```
class SampleLayer(K.layers.Layer):

    def __init__(self, **kwargs):
        self.output_dim = 1 # 从评价中采样，得到一个样本
        super(SampleLayer, self).__init__(**kwargs)

    def build(self, input_shape):
        super(SampleLayer, self).build(input_shape)

    def call(self, x):
        noise = tf.random.uniform(tf.shape(x))
        return tf.argmax(x - tf.math.log(-tf.math.log(noise)), axis=1)

    def compute_output_shape(self, input_shape):
        return (input_shape[0], self.output_dim)
```

接下来，创建一个用于测试的 Agent，这一处理在价值函数的实现中也进行了。

代码清单 4-27

```
class ActorCriticAgentTest(ActorCriticAgent):

    def make_model(self, feature_shape):
        normal = K.initializers.glorot_normal()
        model = K.Sequential()
        model.add(K.layers.Dense(10, input_shape=feature_shape,
                                 kernel_initializer=normal,
                                 activation="relu"))
        model.add(K.layers.Dense(10, kernel_initializer=normal,
                                 activation="relu"))

        actor_layer = K.layers.Dense(len(self.actions),
                                     kernel_initializer=normal)

        action_evals = actor_layer(model.output)
        actions = SampleLayer()(action_evals)

        critic_layer = K.layers.Dense(1, kernel_initializer=normal)
        values = critic_layer(model.output)
```

```
self.model = K.Model(inputs=model.input,
                     outputs=[actions, action_evals, values])
```

处理环境的 Observer 与 4.3 节相同。

代码清单 4-28

```
class CatcherObserver(Observer):

    def __init__(self, env, width, height, frame_count):
        super().__init__(env)
        self.width = width
        self.height = height
        self.frame_count = frame_count
        self._frames = deque(maxlen=frame_count)

    def transform(self, state):
        grayed = Image.fromarray(state).convert("L")
        resized = grayed.resize((self.width, self.height))
        resized = np.array(resized).astype("float")
        normalized = resized / 255.0 # 归一化为0 ~ 1的值
        if len(self._frames) == 0:
            for i in range(self.frame_count):
                self._frames.append(normalized)
        else:
            self._frames.append(normalized)
        feature = np.array(self._frames)
        # 将特征图的形状由(f, h, w)转换成(h, w, f)
        feature = np.transpose(feature, (1, 2, 0))

        return feature
```

然后定义要进行学习的 Trainer。

代码清单 4-29

```
class ActorCriticTrainer(Trainer):

    def __init__(self, buffer_size=256, batch_size=32,
                 gamma=0.99, learning_rate=1e-3,
                 report_interval=10, log_dir="", file_name=""):
```

```
        super().__init__(buffer_size, batch_size, gamma,
                         report_interval, log_dir)
        self.file_name = file_name if file_name else "a2c_agent.h5"
        self.learning_rate = learning_rate
        self.losses = {}
        self.rewards = []
        self._max_reward = -10

    def train(self, env, episode_count=900, initial_count=10,
              test_mode=False, render=False, observe_interval=100):
        actions = list(range(env.action_space.n))
        if not test_mode:
            agent = ActorCriticAgent(actions)
        else:
            agent = ActorCriticAgentTest(actions)
            observe_interval = 0
        self.training_episode = episode_count

        self.train_loop(env, agent, episode_count, initial_count,
                        render, observe_interval)
        return agent

    def episode_begin(self, episode, agent):
        self.rewards = []

    def step(self, episode, step_count, agent, experience):
        self.rewards.append(experience.r)
        if not agent.initialized:
            if len(self.experiences) < self.buffer_size:
                # 积累经验，直至规模达到buffer_size（足以初始化）
                return False

            optimizer = K.optimizers.Adam(lr=self.learning_rate,
                                          clipnorm=5.0)
            agent.initialize(self.experiences, optimizer)
            self.logger.set_model(agent.model)
            self.training = True
            self.experiences.clear()
        else:
            if len(self.experiences) < self.batch_size:
                # 积累经验，直至规模达到batch_size（足以更新）
                return False
```

```
            batch = self.make_batch(agent)
            loss, lp, lv, p_ng, p_ad, p_en = agent.update(*batch)
            # 记录最新的评价指标
            self.losses["loss/total"] = loss
            self.losses["loss/policy"] = lp
            self.losses["loss/value"] = lv
            self.losses["policy/neg_logs"] = p_ng
            self.losses["policy/advantage"] = p_ad
            self.losses["policy/entropy"] = p_en
            self.experiences.clear()

    def make_batch(self, agent):
        states = []
        actions = []
        values = []
        experiences = list(self.experiences)
        states = np.array([e.s for e in experiences])
        actions = np.array([e.a for e in experiences])

        # 计算价值
        # 如果最新的经验不是结束状态（完成状态），则估计价值
        last = experiences[-1]
        future = last.r if last.d else agent.estimate(last.n_s)
        for e in reversed(experiences):
            value = e.r
            if not e.d:
                value += self.gamma * future
            values.append(value)
            future = value
        values = np.array(list(reversed(values)))

        scaler = StandardScaler()
        values = scaler.fit_transform(values.reshape((-1, 1))).
                        flatten()

        return states, actions, values

    def episode_end(self, episode, step_count, agent):
        reward = sum(self.rewards)
        self.reward_log.append(reward)

        if agent.initialized:
            self.logger.write(self.training_count, "reward", reward)
            self.logger.write(self.training_count, "reward_max",
```

```
                            max(self.rewards))

            for k in self.losses:
                self.logger.write(self.training_count, k, self.
                            losses[k])

            if reward > self._max_reward:
                agent.save(self.logger.path_of(self.file_name))
                self._max_reward = reward

        if self.is_event(episode, self.report_interval):
            recent_rewards = self.reward_log[-self.report_interval:]
            self.logger.describe("reward", recent_rewards, episode=episode)
```

由于这次 Critic 可以估计状态价值，所以可以直接计算价值，而无须像 Q 学习那样等待回合结束。因此，这里使用 step 而不是 episode_end 来进行更新。当累积了 self.batch_size 这种规模的经验（self.experiences）时，就对该经验进行价值近似，并更新策略。在回合结束时自然会使用这个奖励值，但如果没有结束，就使用 Critic 的估计值来计算折现值（future=last.r if last.d else agent.estimate(last.n_s)）。

最后，实现学习的过程。

代码清单 4-30

```
def main(play, is_test):
    file_name = "a2c_agent.h5" if not is_test else "a2c_agent_test.h5"
    trainer = ActorCriticTrainer(file_name=file_name)
    path = trainer.logger.path_of(trainer.file_name)
    agent_class = ActorCriticAgent

    if is_test:
        print("Train on test mode")
        obs = gym.make("CartPole-v0")
        agent_class = ActorCriticAgentTest
    else:
        env = gym.make("Catcher-v0")
        obs = CatcherObserver(env, 80, 80, 4)
        trainer.learning_rate = 7e-5
```

```
    if play:
        agent = agent_class.load(obs, path)
        agent.play(obs, episode_count=10, render=True)
    else:
        trainer.train(obs, test_mode=is_test)


if __name__ == "__main__":
    parser = argparse.ArgumentParser(description="A2C Agent")
    parser.add_argument("--play", action="store_true",
                        help="play with trained model")
    parser.add_argument("--test", action="store_true",
                        help="train by test mode")

    args = parser.parse_args()
    main(args.play, args.test)
```

实际的运行结果如图 4-34 所示。策略梯度方法的运行结果可能不稳定，因此显示 3 次的运行结果。

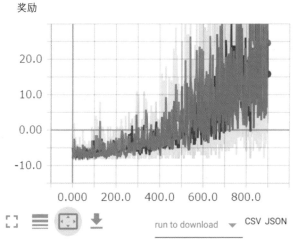

图 4-34　A2C 的学习结果

可以看到，每一次运行都可以成功获得奖励。

前面说策略梯度方法的运行结果可能不稳定，但是这一问题有改进方

法。首先，可以限制策略不会过度偏离更新前的策略，也就是使其慢慢地
进行更新，如下式所示：

$$E_t[KL[\pi_{\theta_{\mathrm{old}}}(\cdot \mid s_t), \pi_\theta(\cdot \mid s_t)]] \leqslant \delta$$

在上式中，更新前的行动分布（ $\pi_{\theta_{\mathrm{old}}}(\cdot \mid s_t)$ ）与更新后的行动分布
（ $\pi_\theta(\cdot \mid s_t)$ ）的距离被限制在 δ 以下。KL 代表 Kullback-Leibler Distance，
是用来衡量分布之间的距离的指标之一。在这个限制下进行更新，使所
获得的 Advantage 增大（Advantage 根据更新前后的变化添加了权重
$\dfrac{\pi_\theta(a_t \mid s_t)}{\pi_{\theta_{\mathrm{old}}}(a_t \mid s_t)}$ ）：

$$\underset{\theta}{\mathrm{maximize}}\, E_t\left[\frac{\pi_\theta(a_t \mid s_t)}{\pi_{\theta_{\mathrm{old}}}(a_t \mid s_t)} A_t\right]$$

这种方法称为**信任域策略优化**（Trust Region Policy Optimization，TRPO）
（见书末本章的参考文献 [23]）。TRPO 中的距离限制也可以合并到目标函数
中，而不是作为限制：

$$\underset{\theta}{\mathrm{maximize}}\, E_t\left[\frac{\pi_\theta(a_t \mid s_t)}{\pi_{\theta_{\mathrm{old}}}(a_t \mid s_t)} A_t - \beta KL[\pi_{\theta_{\mathrm{old}}}(\cdot \mid s_t), \pi_\theta(\cdot \mid s_t)]\right]$$

在上式中，随着 KL 距离增加，获得的 Advantage 相应减小。也就是
说，我们必须在保持更新幅度较小的同时使所获得的 Advantage 最大化。如
果更新前后两个分布完全一致，则以下的 $r_t(\theta)$ 将取值为 1：

$$r_t(\theta) = \frac{\pi_\theta(a_t \mid s_t)}{\pi_{\theta_{\mathrm{old}}}(a_t \mid s_t)}, \quad \mathrm{so} \quad r(\theta_{\mathrm{old}}) = 1$$

如果 $r_t(\theta)$ 明显偏离 1（策略分布在更新前后有明显变化），则需要设置
一个上限值。下式将 $r_t(\theta)$ 限制在 "$1 - \epsilon$" ~ "$1 + \epsilon$" 的范围内：

$$\mathrm{clip}(r_t(\theta), 1 - \epsilon, 1 + \epsilon)A_t$$

近端策略优化（Proximal Policy Optimization，PPO）（见书末本章的参考文献[24]）是一种将$r_t(\theta)$的限制合并到目标函数中的方法。在实际进行更新时，与没有限制的值相比较，取其中的最小值：

$$L^{CLIP}(\theta) = E_t[\min(r_t(\theta)A_t,\, \mathrm{clip}(r_t(\theta),\, 1-\epsilon,\, 1+\epsilon)A_t)]$$

通过clip，在$r_t(\theta)$偏大时，Advantage减小；在$r_t(\theta)$偏小时，不用通过clip减小Advantage，而是施加惩罚项。简而言之，破坏规则而获得的奖励将被除去，破坏规则所对应的损失也将全部承受——就是这样一个严格的公式。

图4-35是PPO论文中的配图，可以发现，在不仅利用clip，同时还取最小值（min）的情况下，在分布的距离增加时会激活惩罚项（数值下降，见图中的红线）。

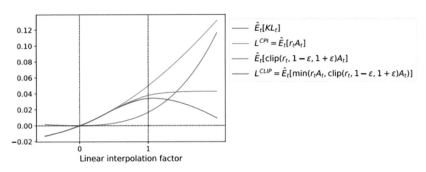

图4-35　在目标函数中取最小值的效果
（引自"Proximal Policy Optimization Algorithms"中的图2）

TRPO、PPO以及A2C、A3C都是当前的标准算法。掌握了这些，即使将来提出了新的策略梯度方法，我们也能够理解其原理。

这些基于策略的方法的优点在于，能够直接输出行动。特别是当行动为连续值时，如果使用基于价值的算法，则$Q(s, a)$的空间将会变得很大，导致无法处理（比如杆的角度为10度、11度、11.5度等）。虽然可以通过将行动范围离散化等来解决这个问题，但是如果使用基于策略的方法，就可以直接输出行动。

不过，在这次实现的 A2C 算法中，我们使用 $Q(s, a)$ 计算了行动概率。因此，这实际上与基于价值的算法相同。为了避免对每种行动都进行评价，有必要像 $a = \mu_\theta(s)$ 这样从状态直接输出行动。但是，这样一来行动概率未知，也就无法使用策略梯度方法了。

要直接输出行动，并同时进行学习，有两种方法：第 1 种是从概率分布中采样行动的方法；第 2 种是在确定性（概率为 1）地选择行动的前提下进行学习的方法。

使用概率分布，可以测量某种行动被选择的概率。具体而言，策略模型输出分布参数（如果是正态分布，则输出均值、方差），并按照这些参数的概率分布进行采样。 通过概率分布，我们可以计算某种行动被选择的概率，从而获得计算梯度所需的 $\ln \pi_\theta(a|s)$。

还有一种方法以确定性（概率为 1）而非概率性地选择行动为前提，即 DPG 方法（见书末本章的参考文献 [25]）。而使用 DNN 对 DPG 进一步改进，就得到了 DDPG 算法（见书末本章的参考文献 [26]）。如果直接输出行动的策略为 $\mu_\theta(s)$，则根据策略获得的价值可以定义为 $Q_w(s, \mu_\theta(s))$，其期望值如下：

$$J(\theta) = E_{s \sim d^\mu}[Q_w(s, \mu_\theta(s))]$$

在该式中，用于进行价值近似的 Q_w 是 TD 误差，可以证明作为策略的 μ_θ 能够通过将 Q_w 的梯度与自身的梯度相乘来进行最优化。本书省略了对这部分内容的解释，感兴趣的读者请参考书末本章的参考文献 [25]。无论是在使用概率分布的情况下还是确定性地选择行动的情况下，两种方法都可以进行**连续值控制**（continuous control）任务。

下面就让我们来动手实现利用了 DDPG 的连续值控制。这里使用 keras-rl 这样一个基于 Keras 实现了各种强化学习算法的库。由于基于策略的方法的学习过程往往不稳定，所以在用于其他任务时，推荐使用这种已经测试过的实现程序。

接下来要介绍的是 keras-rl 的 example 中收录的代码。要实际运行这些代码，需要先按照 keras-rl 库的文档来配置环境。

现在的运行环境是 *Pendulum-v0*，我们的目的是使悬挂在墙上的木棒直立（图 4-36）。给定木棒的 x、y 坐标和角速度作为状态，行动就是向木棒施加力，为 $-2 \sim 2$ 的连续值。

图 4-36 *Pendulum-v0* 的环境

下面让我们看一下实际代码。DDPG 在 Actor Critic 框架下进行学习，因此进行 Actor 和 Critic 的定义。在学习时，在 `SequentialMemory` 中积累经验，从中获取批次，并使用 Adam 进行最优化。

代码清单 4-31

```
import numpy as np
import gym

from keras.models import Sequential, Model
from keras.layers import Dense, Activation, Flatten, Input,
Concatenate
from keras.optimizers import Adam

from rl.agents import DDPGAgent
from rl.memory import SequentialMemory
from rl.random import OrnsteinUhlenbeckProcess
```

```
ENV_NAME = 'Pendulum-v0'
gym.undo_logger_setup()


# 获取环境，并得到行动的数量
env = gym.make(ENV_NAME)
np.random.seed(123)
env.seed(123)
assert len(env.action_space.shape) == 1
nb_actions = env.action_space.shape[0]

# 接着，建立一个非常简单的模型
actor = Sequential()
actor.add(Flatten(input_shape=(1,) + env.observation_space.shape))
actor.add(Dense(16))
actor.add(Activation('relu'))
actor.add(Dense(16))
actor.add(Activation('relu'))
actor.add(Dense(16))
actor.add(Activation('relu'))
actor.add(Dense(nb_actions))
actor.add(Activation('linear'))
print(actor.summary())

action_input = Input(shape=(nb_actions,), name='action_input')
observation_input = Input(shape=(1,) + env.observation_space.shape,
name='observation_input')
flattened_observation = Flatten()(observation_input)
x = Concatenate()([action_input, flattened_observation])
x = Dense(32)(x)
x = Activation('relu')(x)
x = Dense(32)(x)
x = Activation('relu')(x)
x = Dense(32)(x)
x = Activation('relu')(x)
x = Dense(1)(x)
x = Activation('linear')(x)
critic = Model(inputs=[action_input, observation_input], outputs=x)
print(critic.summary())

# 最终我们完成了智能体的配置和编译。你可以使用任何Keras内置的优化器甚至优化指标
memory = SequentialMemory(limit=100000, window_length=1)
random_process = OrnsteinUhlenbeckProcess(size=nb_actions,
```

```
                                theta=.15, mu=0., sigma=.3)
agent = DDPGAgent(nb_actions=nb_actions, actor=actor, critic=critic,
                  critic_action_input=action_input,
                  memory=memory, nb_steps_warmup_critic=100,
                  nb_steps_warmup_actor=100,
                  random_process=random_process, gamma=.99,
                  target_model_update=1e-3)
agent.compile(Adam(lr=.001, clipnorm=1.), metrics=['mae'])

# 好了，是时候学点什么了。这里我们通过可视化的方式展示了学习过程，但是这将大大减
缓学习速度。你可以使用Ctrl+C安全退出学习
agent.fit(env, nb_steps=50000, visualize=True, verbose=1,
          nb_max_episode_steps=200)

# 学习结束后，保存最终的权重值
agent.save_weights('ddpg_{}_weights.h5f'.format(ENV_NAME),
                   overwrite=True)

# 最后，对5个回合评估我们的算法
agent.test(env, nb_episodes=5, visualize=True,
           nb_max_episode_steps=200)
```

在实际运行后，将执行学习并启动 *Pendulum* 画面（图 4-37）。在笔者的
环境中，木棒仅来回摆了 2 次就立了起来。这个代码中固定了随机种子，因
此在大家的环境中也应该能运行。强化学习算法（尤其是使用了深度学习的
方法）每次的运行结果往往有所不同，为了确保复现性，最好采用这种方式。

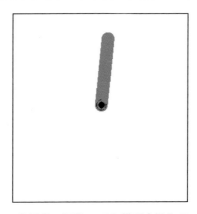

图 4-37　使用学习好的 DDPG 模型来操作 *Pendulum*

代码本身非常简单，但是对指定的参数进行了非常细微的调优。我们可以通过尝试不同的参数并运行，来了解调优的重要性。

在 4.4 节和 4.5 节中，我们介绍了如何使用函数来实现策略。由于策略的输出值是行动概率（行动），所以无法像价值函数那样直接计算和学习误差（TD 误差）。因此，我们进行了使期望值最大化的学习，这个期望值的定义中包括行动概率。而使用梯度法进行这种学习的方法就是策略梯度。我们对策略梯度进行了实现，并确认了其动作。然后，我们介绍了 A2C 的理论与实现，这是一种基于 Advantage 通过 Actor Critic 进行学习的方法。接着，我们又介绍了更加稳定的学习方法 TRPO、PPO。最后，我们基于 keras-rl 使用 DDPG 实现了连续值控制，这也是基于策略的算法的优点。

在本章接下来的最后一部分，我们将介绍此前提到的基于价值的方法和基于策略的方法的优缺点。

4.6 是价值近似还是策略呢

本章我们已经了解了如何通过函数来实现价值近似和策略，以及将神经网络作为函数使用的方法。各种方法的关联图如图 4-38 所示。

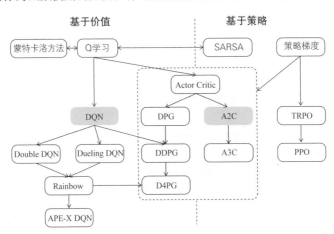

图 4-38　使用了 DNN 的强化学习中的主要方法的关联图

基于策略的方法可用于连续值控制任务，例如手柄操作和机器人手臂操作等。而使用基于价值的方法执行这些任务则很困难。由于基于价值的方法始终采取使价值最大化的行动，所以存在一个问题：即使价值大致相同，行动也会偏向稍大的那个。而基于策略的方法使用概率进行行动选择，因此没有这种问题。

到目前为止，基于策略的方法效果很好，它的缺点是学习较难。因为容易过拟合，所以通常有必要减小更新步长（＝小心地学习）。因此，尽管理论上基于策略的方法收敛速度更快，但它可能比基于价值的方法花费的时间更长。另外，获得的奖励的波动也很剧烈。"Deep Q Network vs Policy Gradients - An Experiment VizDoom with Keras"一文中也提到了这一点。图 4-39 引自该文章，图中的 DDQN 代表 Double DQN。

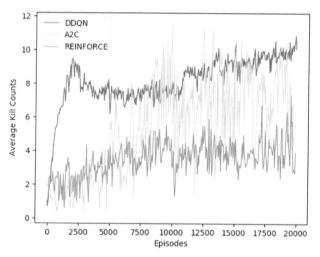

图 4-39　基于价值和基于策略的学习结果的比较

另外，作为更加稳定的策略更新算法，我们介绍了 TRPO 和 PPO。但是，也有研究指出这些方法根本没有解决学习稳定性问题（见书末本章的参考文献 [28] 和 [29]）。虽然策略梯度这一系列深度学习方法能够得到奖励,但是我们并不清楚是否进行了正确的学习。

利用 DNN,强化学习现在已经可以直接从输入(例如画面)中获得高水平的行动,但还是存在一些弊端,例如学习时间较长、学习不稳定等。下一章我们将探讨强化学习的这些弱点。

第5章

强化学习的弱点

本章将讲解上一章中介绍的深度强化学习的弱点。在现在的强化学习研究中，这些弱点是无法忽视的课题。如果你不仅希望用强化学习来攻略游戏，还希望将其应用于实际工作中，就必须掌握本章的内容。

本章将以如下 3 个强化学习的弱点为中心进行讲解：

- 获取样本的效率低；
- 容易陷入局部最优行动和过拟合；
- 复现性差。

另外，我们将从两个方面来讲解这些弱点的对策：一是减轻弱点影响的对策；二是直接克服弱点的对策。前者将在本章介绍，后者将在下一章介绍。

下面就正式开始学习之旅吧。

5.1 获取样本的效率低

在深度强化学习的学习过程中，需要很多样本。上一章中使用了针对图像的深度学习模型 CNN，但即便是接球这样一个简单的游戏，也花了很长时间才完成。即使使用比较先进的 Rainbow，这种倾向也没有变化（图 5-1）。

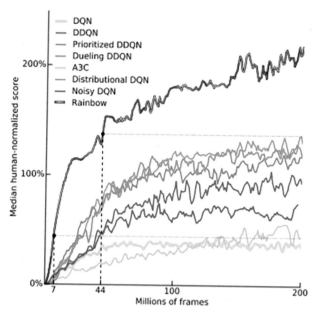

图 5-1 学习帧数和得分的关系
（引自 "Rainbow: Combining Improvements in Deep Reinforcement Learning"
中的图 1 ）

图 5-1 的横轴是学习的画面帧数，纵轴是不同模型的得分相对于人类得分的百分比。纵轴的 100% 表示模型和人类的得分一样。要想达到这个比例，Rainbow 需要大约 1800 万的画面帧数。如果帧率是 30 fps（每秒 30 帧），则需要大约 166 小时；即使帧率是 60 fps，也需要花费 80 小时以上的时间进行计算。而 Rainbow 之外的方法需要的时间会更多。但如果是人类想要接住球，大概连 5 分钟都用不了。

在控制手柄或机器人手臂的角度这样的连续值控制任务中，需要的时间更多。连续值控制任务（环境）中的步数和奖励的关系如图 5-2 所示（图中只显示了 D4PG）。实验中用到的是收集了各种连续值控制环境的 dm_control，图中的奖励是其中所有环境的平均值。

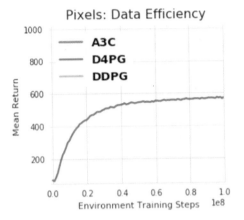

图 5-2 连续值控制时的学习步数和奖励的关系
（引自 "DeepMind Control Suite" 中的图 3）

横轴的单位是 1e8（1 亿步），从图 5-2 中可知，在大约 0.4（4000 万步）处，奖励趋于稳定。

可以看到，深度强化学习往往需要使用大量样本。虽然学习的确很花时间，但更重要的是要准备足够的样本才行。我们需要准备一个像 OpenAI Gym 那样可以进行无数次游戏的模拟器。目前，如果没有模拟器，就很难进行深度强化学习。

获取样本的效率低会导致难以对机器人等现实世界中的智能体使用深度强化学习。因为在现实世界中执行上千万次游戏是不现实的。实际上，在机器人开发方面非常有名的波士顿动力公司（Boston Dynamics）并没有将深度强化学习用于控制（见书末本章的参考文献 [5]）。

使用深度强化学习可以解决同一网络中的各种任务。比如，仅通过调整画面的大小、行动的次数，就可以学习各种游戏。通用性强是深度强化学习的优势。

但是，针对不同的任务，有些方法比深度强化学习速度更快，学习更稳定（比如波士顿动力公司使用的方法）。深度强化学习虽然通用性强，但是并没有针对某些任务进行定制化，反而陷入了博而不精的境地。

5.2　容易陷入局部最优行动和过拟合

深度强化学习的第 2 个弱点是虽然使用了大量样本进行学习，但并不能保证智能体一定能学到最优的行动。强化学习是不需要标签的学习方法，所以无法保证学到符合人类意图的行动，既可能出现像 AlphaGo 那样学习效果很好的情况，也可能出现学习效果不好的情况，实际上学习效果不好的情况反而居多。

不符合人类意图的行动模式可以分为两种，即局部最优行动和过拟合。局部最优指的是虽然获得了奖励，但是行动并不是最优的。比如，虽然更努力一些就能获得好成绩，但是模型在得到高于平均分的成绩后就满足了。过拟合指的是模型学习了特定环境下采取的特定行动。以考试为例，就相当于不去理解问题，而是直接背答案。

我们先来看一下局部最优行动的例子。在上一章中学习 A2C 时，智能体经常去靠近画面的边缘（图 5-3）。虽然这很明显不是最优行动，但当小球到达边缘的次数更多时，就能够得到更高的奖励，这样就陷入了局部最优行动。

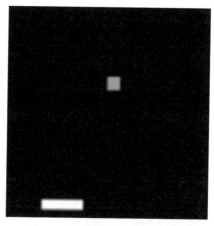

图 5-3　无论小球落到哪里，智能体都会去靠近边缘

　　一旦陷入局部最优行动，想要跳出来就困难了。这是因为，要想从局部最优行动中跳出来，需要迁移到当前行动无法理解的状态，而当前的智能体并没有这个动机。具体来说，如果使用基于价值的方法，执行探索的概率（ϵ）会渐渐下降。而如果使用基于策略的方法，在一开始的时候，随机化的策略也会逐渐向使期望值变高的方向去优化。

　　接下来，我们看一下过拟合的例子。图 5-4 是一个红、蓝智能体互相射击激光来决出胜负的游戏。准备 A、B 两个环境分别进行学习。在学习之后，如果互换智能体，会出现什么情况呢？比如，把环境 A 中学习过的蓝色智能体和环境 B 中学习过的蓝色智能体互换，此时红色智能体会采取什么行动呢？

图 5-4　互相射击激光的游戏

（引自 "A Unified Game-Theoretic Approach to Multiagent Reinforcement Learning"）

　　一个简单的设想是，即使更换了对手，红色智能体也会采取相同的行动。但是，实际上红色智能体基本不会动（可以通过上述论文中附录 B 的 Diagonal/Off-Diagonal 的例子进行确认）。也就是说，红色智能体只配合同一环境下的蓝色智能体进行学习。这和背答案的例子一样，都是陷入了过拟合的状态。

　　人们也在尝试通过对奖励进行更精巧的设计来抑制局部最优行动和过

拟合。但是，强化学习中的奖励设计是非常精密的问题。图 5-5 是一个赛艇游戏，这个游戏的目的有两个：更快地到达终点和（通过获取道具等）尽可能地提高得分。如果不针对到达终点设定奖励，而是针对得分设定奖励，智能体会采取意想不到的行动。

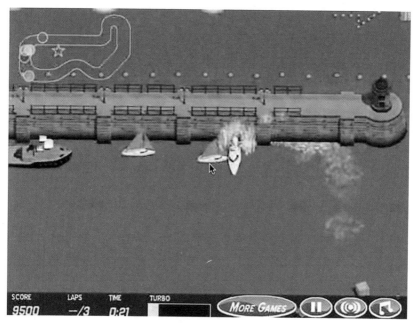

图 5-5　学到了意想不到的行动的例子
（引自 "Faulty Reward Functions in the Wild"）

　　智能体会在前进的路线上逆行，不惜触发警告或撞击其他赛艇，一个劲儿地为了提高得分而持续获取道具。虽然最终获得了比人类玩家多 20% 的得分，但是这完全不是符合人类期望的游戏方式。这个例子说明，奖励的设定是很难的。其他也有一些用于诱导合适行动的奖励设定方案，但是这些方案的有效性在不同环境下差异非常大。

　　可以看到，强化学习学到的行动可能会无法预料（事态甚至会向不好的方向发展）。

5.3 复现性差

在强化学习（特别是深度强化学习）中，复现性差是一个非常大的问题。图 5-6 所示为同一算法（TRPO）学习相同参数的情况。横轴是学习的步数，纵轴是所获奖励的平均值。

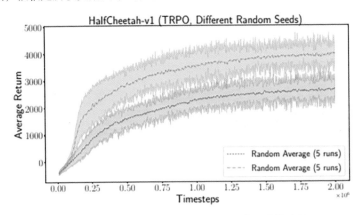

图 5-6　以同样的算法和参数学习时所获奖励的差异
（引自 "Deep Reinforcement Learning that Matters"）

尽管是同样的方法和条件，所获奖励的差别还是大到了出现显著性差异的程度。另外，实验中使用的还是能够让学习稳定的 TRPO 算法。

实现的方式也会对性能产生影响。深度学习的库有很多，不同库中一些默认值是不一样的。比如用于参数初始化的正态分布中的标准差的默认值，在 Keras 和 Chainer 中是 0.05，而在 TensorFlow 和 PyTorch 中是 1.0（这是本书写作时的数据）。上一章中实现的 DQN 在使用 0.05 学习时能学习成功，但使用 1.0 就会失败（有时间的读者可以自己尝试一下）。

论文中提到的所获奖励通常用的是各种调参后的值，因此在验证别人的论文时，由于参数的不同或实现的不同等的影响，我们往往很难实现论文中的性能。虽然应该测试很多次，取结果的平均值（根据 "How Many Random Seeds? Statistical Power Analysis in Deep Reinforcement Learning Experiments" 一文中的建议，需要 20 次），但因为获取样本的效率太低了，所以如果取平均值，学习耗费的时间会非常多。另外，获取样本的效率低不仅会使得学习更加困难，还会导致方法的验证更加困难。

5.4 以弱点为前提的对策

那么，如何处理这些问题呢？本节将讲解以弱点为前提的对策，下一章将介绍直接克服弱点的对策。

本节介绍的对策有下面 4 个：

- 对可以测试的模块进行切分；
- 以经过测试的代码为基础进行开发；
- 将学习自动化；
- 尽可能地记录日志。

因为强化学习的复现性差，所以在确认智能体的行动时需要进行多次学习。但是，由于样本获取效率低，多次学习会导致所需时间大幅增加。因此，在每次学习时，尽量避免浪费是最重要的。

第 1 个对策是对可以测试的模块进行切分，这样可以避免一次长时间的学习因代码实现错误而作废的情况。关于模块的切分，我们已经在上一章中实践过了。请试着回想一下上一章中使用的模块（图 5-7）。

主要的模块包括 Observer、Trainer、Agent、Logger。将 Observer 独立出来，就可以获得环境的状态；将 Trainer 独立出来，就可以分别对学习过程进行测试。

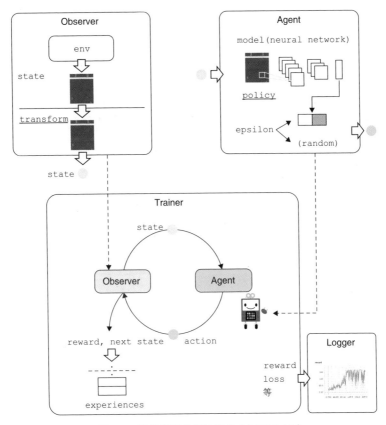

图 5-7　强化学习的模块结构（同图 4-13）

　　状态的预处理有误导致学习无法顺利进行的事例表明，事前对用于处理环境的 Observer 进行测试是非常重要的。具体来说，就是在对图像进行灰度处理时，敌方角色的图标被消除了，导致学习无法进行（图 5-8）。

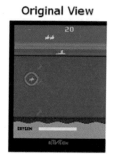
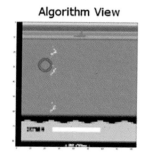
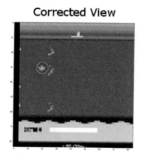

图 5-8　图像变换处理导致鲨鱼消失
（引自 "OpenAI Baselines: DQN"）

这并不是外行人出现的失误，而是发生在先进的人工智能研究机构 OpenAI 的事例。OpenAI Gym 吸取失败教训而实现了 play 函数。play 函数的作用是输入环境，并在环境中实际进行游戏。这里的环境指的是像 Observer 那样对环境进行封装后实现的对象。也就是说，可以在 Observer 中直接用肉眼观察经过预处理的画面。上一章中实现的 Logger 的 write_ image 可以把智能体看到的画面输出，供我们确认。

将 Trainer 独立出来，就可以对学习过程进行测试。在深度强化学习中，根据学习步数进行调整的参数非常多，比如学习率、探索概率（ ϵ ）以及 Fixed Target Q-Network 的更新时机等。即使不使用实际的环境和模型，也能确认能否调整出想要的结果。上一章中使用了与主体不同的简单的环境和模型进行了测试。

第 2 个对策是以经过测试的代码为基础进行开发。通过减少自己实现的代码，也可以降低引入 Bug 的可能性。OpenAI Baselines 公开的主要算法都是经过测试的（使用起来比 OpenAI Baselines 更方便的 Stable Baselines 公开的也是经过测试的算法）。另外，各种库基本都有实现了各种算法的 GitHub 仓库。TensorFlow 的 GitHub 仓库有 dopamine 和 tensorforce，Keras 有 keras-rl，Chainer 有 ChainerRL（在写作本书时 PyTorch 还没有这样较为主流的仓库），其中，ChainerRL 是 Chainer 官方的实现。上一章中 DDPG

的实现使用的是 keras-rl。在与过去的方法进行比较时，使用这些经过测试的代码可以减少花费在实现和验证上的时间。

第 3 个对策是将学习自动化。因为要进行多次学习，所以要尽可能地实现自动化（脚本化）。在进行脚本化时，推荐把学习时使用的参数也放在脚本中。这样做有两个好处，一是可以记录学习时的参数，二是可以保留参数的变更记录，从而防止忘记指定的参数或者忘记执行过的参数等情况发生。

第 4 个对策是尽可能地记录日志。要从每次实验中尽可能地获取较多的信息。这部分由 Logger 负责。比如，记录下面这些值：

- 奖励的平均值、最大值和最小值；
- 回合的长度；
- 目标函数的值、网络的输出值；
- 根据策略得到的行动分布的熵。

对于奖励，除了平均值，还要记录最大值和最小值，尤其是最大值，这关系到是否采取了能够获得奖励的行动。回合的长度虽然也和环境相关，但随着智能体行动得到改善，回合会越来越长（可以将这想象成生存时间变长）。回合长度也可以用于判断学习是否在正常进行。另外，在使用策略梯度时，要确认行动分布的熵，这样可以发现学习是否出现了过拟合。推荐在晚上进行学习，因为在白天进行学习时注意力容易分散。

在更改参数后的 commit log 中添加学习结果是一种较为简单的记录方式（图 5-9）。

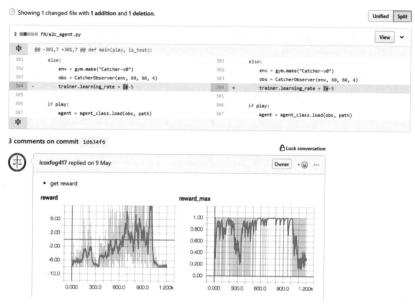

图 5-9　在 GitHub 的 commit log 中添加实验结果的例子

　　这样就可以防止忘记以某组参数学习时的结果了。当然，这只是一种最朴素的方式，使用管理学习结果的服务可以实现更高级的管理。在写作本书时，Comet.ml 和 Azure Machine Learning service 是比较典型的服务，今后这样的服务应该会越来越多。

　　最好使用经过测试的模型进行实现，并尽可能地在测试之后进行学习，然后尽可能地收集日志，改善模型。总的来说，就是要尽量减少写代码带来的错误，尽量防止浪费，尽量利用学习结果。但是，这充其量也只是治标的方法而已，弱点本身还是存在的。下一章会介绍直接克服弱点的方法。

第**6**章
克服强化学习弱点的方法

本章将介绍如何克服上一章中提到的 3 个弱点：获取样本的效率低、容易陷入局部最优行动和过拟合、复现性差。

其中主要弱点是获取样本的效率低。对于这一问题，人们提出了很多对策。本章主要介绍笔者所知的效果已被众多研究证实的方法——改善环境认知。

通过阅读本章，我们可以明白以下 3 点：

- 了解改善采样效率的方法的类型，并学习改善环境认知这一方法的理论和代码实现；
- 学习可以改善复现性差这一问题的进化策略的理论和代码实现；
- 学习可以矫正局部最优行动和过拟合的模拟学习、逆强化学习的理论和代码实现。

下面就正式开始学习之旅吧。

6.1　应对采样效率低的方法：与基于模型的方法一起使用、表征学习

如前所述，人们提出了很多用于改善采样效率的对策，这里我们先来整理一下这些方法，然后再详细介绍其中的改善环境认知的方法。

6.1.1　改善采样效率的方法的分类

表 6-1 汇总了改善采样效率的方法。

表 6-1　改善采样效率的方法的分类

观点 1	观点 2	典型方法
模型	学习能力	模型：Double DQN / Dueling Network 等 学习方法：Prioritized Replay 等
	迁移能力	迁移能力：元学习 再次利用：迁移学习
数据	改善环境认知	与基于模型的方法一起使用 表征学习
	改善探索行动	内在奖励 / 内在动机 Noisy Nets 等
	来自外部的示教	课程学习 模仿学习

这些方法是按采样效率低的原因在于模型还是数据而分类的。模型和数据是机器学习的两大组成部分，强化学习也一样。因此，当强化学习采样效率低时，可以先分析一下是模型学习效率低还是数据有问题。

模型的学习效率主要与学习能力和迁移能力相关。学习能力指的是基于给定的数据高效率地进行学习的能力。除了在模型上下功夫以外，通常还可以使用经验回放这样的采样方法，或者采取不同的最优化方法，等等。我们在讲解 Rainbow 时介绍过几种这样的方法。迁移能力指的是利用预训练好的模型在短时间内快速学习的能力。比如，一个模型已经学到的内容还可以被其他模型使用。这种方法在图像识别领域非常常见。

数据可以从环境和智能体两个角度进行分析，因为强化学习中的数据是环境和智能体不断交互产生的。除此之外，还有一个分析角度，即"从外部给予数据，让模型进行学习"。它们之间的关系如图 6-1 所示。

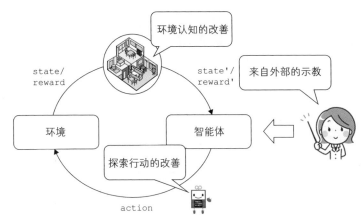

图 6-1 与数据相关的 3 个方面

环境认知的改善指的是让智能体更简单地学习从环境中获取的信息的方法。具体地说，就是对从环境中得到的状态和奖励进行加工，让学习过程变得更简单。本节将介绍这种方法。

探索行动的改善指的是让智能体获取能够显著提高学习效果的高质量样本的方法。我们在讲解 Rainbow 时提到的 Noisy Nets（让智能体学习探索到哪种程度的方法）就属于这种方法。另外，还有为了让智能体积极地向未知的状态迁移而进行激励的**内在奖励**（intrinsic reward）或**内在动机**（intrinsic motivation）等方法。

来自外部的示教指的是使用从外部学到的结果来促进智能体学习的方法。这方面的方法有引导学习过程的**课程学习**（curriculum learning）和基于学习样本的**模仿学习**（imitation learning）。课程学习是一开始学习简单的任务，然后逐渐增加难度的方法。模仿学习是参考样本（人类的行动等）进行学习的方法。关于模仿学习，我们会在 6.3 节详细讲解。

　　本节将讲解改善环境认知的方法。根据笔者的观察，改善环境认知的方法能稳定地提高采样效率。

　　下面以第 4 章中提到的 *CartPole* 为例来介绍改善环境认知的方法。在 *CartPole* 的环境中，通过给予作为状态的小车位置和加速度，我们能够在较短时间内解决问题。但在深度强化学习中，状态是图像。在这种情况下，模型首先需要从图像中识别出小车的位置和加速度（图 6-2）。

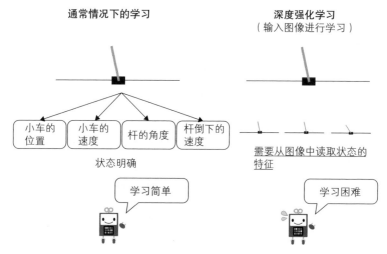

图 6-2　深度强化学习（输入图像）的难点

　　也就是说，深度强化学习需要同时学习"状态（图像）中的特征"和"行动的方法"。可以认为，是同时学习这二者导致了采样效率变差。举例来说，这就像是在黑暗的房间里一边摸索着前进一边找东西的状态。如果房间明亮，也就是说改善了环境认知，那么找东西就变得简单了。

　　改善环境认知的实现方法有下面两种。

- 基于模型：对环境（迁移函数和奖励函数）进行建模。
- 表征学习：用表征状态和状态迁移特征的向量来创建新的状态。

如第 2 章所述，基于模型的方法会根据环境信息制订计划。因为环境信息（迁移函数和奖励函数）通常是未知的，所以必须对这两个函数进行推测（建模）。换句话说，就是要按照真实环境构建模拟器来进行学习。构建模拟器的一个优点是不使用真实环境也能学习，这样可以去除那些真实环境中包含的噪声（意外的故障或机器的劣化等）。基于模型的方法和无模型的方法可以一起使用，其中无模型的方法的学习可以通过模拟器来辅助实现。本章会介绍这种一起使用的方法，即 Dyna 算法（见书末本章的参考文献 [1]）。

表征学习（representation learning）通过创建表征向量，让状态更容易被识别。以 *CartPole* 为例，就是创建能够从图像（状态）中获知小车位置和加速度的表征向量。基于模型的方法以模型（迁移函数和奖励函数）全体为对象，表征学习则以状态为对象，所以后者的代码实现和应用更容易一些。对于表征学习，我们将在 6.1.3 节以发表于 2018 年的 World Models（见书末本章的参考文献 [7]）为例进行介绍。

6.1.2 与基于模型的方法一起使用

基于模型的方法会先对模型（迁移函数和奖励函数）进行推测，然后基于推测的模型构建策略并行动，而行动的结果将由模型（迁移函数和奖励函数）学习。然后，对学习后的模型再次制订计划，如此循环往复（图 6-3）。

基于模型的方法的优点是学习效率高。因为迁移函数和奖励函数的学习需要从真实环境中直接获取数据，所以模型的学习可以适用监督学习。构建的模型就是对真实环境进行抽象后的模拟器，其实在真实环境中各种机器（地铁或飞机等）也是通过模拟器来学习的，这样就可以做到高效率的学习。

基于模型的方法的缺点是作为最终目的的"行动的学习"依赖于"模型的学习"。如果构建的模拟器不够好，那么使用这样的模拟器进行学习的效果自然也不会好。比如两个人唱双簧戏，如果同伴优秀还好，如果不优秀，还不如自己一个人表演。

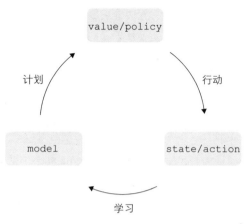

图 6-3　基于模型的方法的学习循环

　　模型的实体就是迁移函数和奖励函数。迁移函数是状态迁移的概率分布，奖励函数是从状态得到奖励的回归公式。对这两个函数进行推测就是模型学习的目标。

　　构建模型的最简单的方法是枚举。记录状态迁移、奖励的历史记录，然后用它们的平均值来推测迁移函数和奖励函数。因为迁移次数和奖励是以表格的方式记录的，所以也叫作表查找（table lookup）算法。图 6-4 所示为从状态 s_1 开始记录状态迁移和奖励，并推测迁移函数和奖励函数的例子。

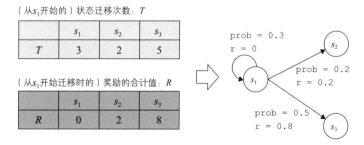

图 6-4　表查找的例子

　　用于实现迁移函数和奖励函数的方法有很多，比如高斯过程（Gaussian Process，GP）或神经网络。

　　构建好模型之后，就可以使用模型来学习策略了。利用模型的方法有基于采样和基于模拟两种。基于采样的方法就是单纯地使用模型来进行学习的方法，基于模拟的方法是为了提高行动选择的精度而通过模型来预先判断的方法。

　　在基于采样的方法中，构建好的模型用来代替真实环境，或者用于辅助学习。最简单的方法是，在模型学习结束之后利用该模型进行无模型的学习（Sample-Based Planning Model，基于样本的策略模型）。除此之外，还有这样一种方法：在模型学习尚未结束时就同时进行模型学习和使用了模型的无模型学习。Dyna 就属于这种方法，下面将介绍 Dyna 的代码实现。

　　Dyna 算法可以在进行无模型的学习的同时，基于智能体的经验（状态、行动和奖励）进行模型的学习。然后，使用学习完毕的模型，再次进行无模型的学习。通过这种方法，在真实环境中就可以以较少的步骤实现很多次学习。从结果来看，采样效率也可以得到提高。

　　图 6-5 所示为 Dyna 的学习过程：在真实环境中进行 1 次学习后（①），利用行动结果进行模型的学习（②），然后在学习后的模型上进行 3 次学习（③）。

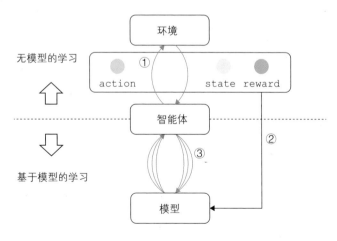

图 6-5　Dyna 的学习

下面我们来看一下图 6-5 对应的示例代码，示例代码来自文件 MM/dyna.py。

首先，对智能体进行定义。

代码清单 6-1

```
import argparse
import numpy as np
from collections import defaultdict, Counter
import gym
from gym.envs.registration import register
register(id="FrozenLakeEasy-v0", entry_point="gym.envs.toy_
text:FrozenLakeEnv",
        kwargs={"is_slippery": False})


class DynaAgent():

    def __init__(self, epsilon=0.1):
        self.epsilon = epsilon
        self.actions = []
        self.value = None

    def policy(self, state):
        if np.random.random() < self.epsilon:
            return np.random.randint(len(self.actions))
        else:
            if sum(self.value[state]) == 0:
                return np.random.randint(len(self.actions))
            else:
                return np.argmax(self.value[state])

    def learn(self, env, episode_count=3000, gamma=0.9, learning_
            rate=0.1, steps_in_model=-1, report_interval=100):
        self.actions = list(range(env.action_space.n))
        self.value = defaultdict(lambda: [0] * len(self.actions))
        model = Model(self.actions)

        rewards = []
        for e in range(episode_count):
            s = env.reset()
            done = False
```

```
goal_reward = 0
while not done:
    a = self.policy(s)
    n_state, reward, done, info = env.step(a)

    # 根据真实环境中的实验进行更新
    gain = reward + gamma * max(self.value[n_state])
    estimated = self.value[s][a]
    self.value[s][a] += learning_rate * (gain -
                                        estimated)

    if steps_in_model > 0:
        model.update(s, a, reward, n_state)
        for s, a, r, n_s in model.simulate(steps_in_
                                            model):
            gain = r + gamma * max(self.value[n_s])
            estimated = self.value[s][a]
            self.value[s][a] += learning_rate * (gain -
                                                estimated)

    s = n_state
else:
    goal_reward = reward

rewards.append(goal_reward)
if e != 0 and e % report_interval == 0:
    recent = np.array(rewards[-report_interval:])
    print("At episode {}, reward is {}".format(
            e, recent.mean()))
```

policy 和 learn 的实现与 Q 学习中的智能体基本一致。需要注意的是，当 steps_in_model 大于 0 时，会发生使用模型的追加学习。

在 steps_in_model > 0 的情况下，把从真实环境中得到的状态、行动、奖励和迁移后的状态等信息给 model，让它进行学习，并通过 model. simulate(steps_in_model) 只让模型学习 steps_in_model 的部分。model 使用简单的表查找算法，根据实际的迁移次数来计算迁移概率，并根据奖励的平均值来计算奖励。下面是 Model 的代码实现。

代码清单 6-2

```python
class Model():

    def __init__(self, actions):
        self.num_actions = len(actions)
        self.transit_count = defaultdict(lambda: [Counter() for a in
                                                  actions])
        self.total_reward = defaultdict(lambda: [0] *
                                                 self.num_actions)
        self.history = defaultdict(Counter)

    def update(self, state, action, reward, next_state):
        self.transit_count[state][action][next_state] += 1
        self.total_reward[state][action] += reward
        self.history[state][action] += 1

    def transit(self, state, action):
        counter = self.transit_count[state][action]
        states = []
        counts = []
        for s, c in counter.most_common():
            states.append(s)
            counts.append(c)
        probs = np.array(counts) / sum(counts)
        return np.random.choice(states, p=probs)

    def reward(self, state, action):
        total_reward = self.total_reward[state][action]
        total_count = self.history[state][action]
        return total_reward / total_count

    def simulate(self, count):
        states = list(self.transit_count.keys())
        actions = lambda s: [a for a, c in self.history[s].most_common()
                             if c > 0]

        for i in range(count):
            state = np.random.choice(states)
            action = np.random.choice(actions(state))

            next_state = self.transit(state, action)
            reward = self.reward(state, action)

            yield state, action, reward, next_state
```

update 记录迁移次数和奖励，transit 根据迁移次数来计算迁移概率，reward 计算各种状态和相应的行动的奖励平均值。

simulate 用于按照指定的次数模拟状态迁移。状态和相应的行动从记录（history）中随机选取。

最后，我们需要为执行代码而实现一些必要的处理。

代码清单 6-3

```
def main(steps_in_model):
    env = gym.make("FrozenLakeEasy-v0")
    agent = DynaAgent()
    agent.learn(env, steps_in_model=steps_in_model)


if __name__ == "__main__":
    parser = argparse.ArgumentParser(description="Dyna Agent")
    parser.add_argument("--modelstep", type=int, default=-1,
                        help="step count in the model")

    args = parser.parse_args()
    main(args.modelstep)
```

通过 --modelstep 的参数指定模型学习的次数。如果不指定，就代表不使用模型。

虽然每次执行结果都不一样，但可以看出，使用模型时学习更快。

代码清单 6-4

```
>python ./MM/dyna.py
At episode 100, reward is 0.0
At episode 200, reward is 0.44
At episode 300, reward is 0.88
At episode 400, reward is 0.89
At episode 500, reward is 0.83
At episode 600, reward is 0.89
At episode 700, reward is 0.93
```

代码清单 6-5

```
>python ./MM/dyna.py -modelstep 4
At episode 100, reward is 0.55
At episode 200, reward is 0.92
```

关于 Dyna 的发展历程，可以参考 "Neural Network Dynamics for Model-Based Deep Reinforcement Learning with Model-Free Fine-Tuning"。在这篇论文中，一些原本学习不太顺利的神经网络模型最终学习成功了。之所以能够学习成功，主要归功于新的学习方法，即不只预测下一次的迁移，还对 Multi-step 进行预测。人们还提出了把基于模型学习后的无模型的智能体作为范本，来进行模仿学习的方法。除此之外，还有与 Dyna 相反的方法，即把通过无模型方法学习的经验用于基于模型的学习（见书末本章的参考文献 [3]）。上面介绍的都是基于采样来利用模型的方法。

基于模拟的方法可以通过模型预先判断（模拟）未来的几步选择，从而提高行动选择的精度。这一点和人类下棋时比较像，人类在下棋时也是先预测对手接下来会走哪几步。这种方法根据提前预测的结果（胜利或失败、到达终点或未能达到终点）更新价值近似，并选择对应的行动。

基于模拟的典型方法是**蒙特卡洛树搜索**（Monte Carlo Tree Search, MCTS）（图 6-6）。应该有很多人听过这种方法，因为该方法在围棋和将棋方面的很多 AI 中都有应用。

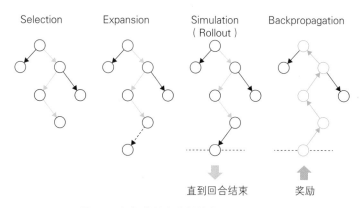

图 6-6 根据蒙特卡洛树搜索更新价值近似

我们可以采用蒙特卡洛树搜索将图 6-6 中的 4 个过程循环一定次数，然后更新价值近似。最后，选择评价结果最好的行动。

1. Selection（选择）：根据当前局面，使用当前的策略一直对弈到结束。

2. Expansion（拓展）：直到对弈结束为止进行模拟，当模拟次数达到设定值之后，实际走下一步。如果直到对弈结束为止进行的模拟次数比较少，就不对将来的一步进行预测，而是提高探索效率。

3. Simulation（Rollout）（模拟）：采取与当前的策略不一样的默认策略（default policy），直到对弈结束为止一直进行游戏（默认策略通常使用随机的策略）。

4. Backpropagation（反向传播）：通过第 3 步得到的立即奖励对各种状态下的行动价值（Q 值）进行更新。

直到回合结束一直进行游戏，并通过实际得到的立即奖励对价值进行更新，这一点和蒙特卡洛方法是一样的。如果对所有的棋局都进行探索，那就和蒙特卡洛方法完全一样了。第 3 章中我们对比了蒙特卡洛方法和 TD 方法，同样地，也有基于 TD 方法的 **TD Search 方法**。

TD Search 的一个优点是即使回合没有结束也能进行评价。提出 TD Search 的论文 "Temporal-difference search in Computer Go" 中使用第 4 章介绍的价值函数解决了用表格形式管理价值时需要处理的问题。使用价值函数之后，单位时间的计算量比蒙特卡洛方法低，而精度并没有因此提高。现在因为有了内存很大的高性能计算机，所以计算量和精度成正比的蒙特卡洛方法更为主流。蒙特卡洛树搜索有很多变种，具体可以参考 "A Survey of Monte Carlo Tree Search Methods"。

上面介绍了基于模型的模型构建方法，以及两种利用模型的方法，即基于采样的方法和基于模拟的方法。针对基于采样的方法，我们介绍了 Dyna 算法的代码实现，证明了其能够让学习更高效。

6.1.3 表征学习

表征学习是比基于模型的方法更简单的方法。基于模型的方法是把环境（迁移函数和奖励函数）整体作为推测对象的，而表征学习只把状态、状态迁移作为对象。通过表征学习，智能体能够专注于策略的学习（图 6-7）。

近年来的研究表明，表征学习可以让策略的建模变得非常简单。在这些研究中，还有使用仅有 6 个节点的神经网络来攻略 Atari 游戏的研究（见书末本章的参考文献 [6]）。

下面将介绍使用了表征学习的 World Models 方法。网络上公开有 World Models 的演示样本（见书末本章的参考文献 [7]）。接下来，我们将结合演示样本对其机制进行介绍。

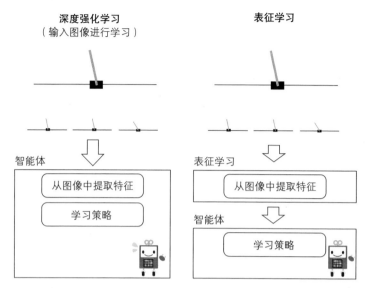

图 6-7　通常的深度强化学习模型和表征学习模型

World Models 正如其名，可以用来生成能学习环境的模型（World Model）。该方法可以只用一层神经网络实现策略。另外，该方法还可以只通过学习后的模型成功学习策略，而无须真实环境。

为了实现表征学习，World Models 使用了两种技术：一种是用于压缩图像信息的**变分自编码器**（Variational Auto Encoder，VAE）；另一种是用于表现图像迁移信息的 RNN。强化学习的状态迁移是概率性的，所以 RNN 被用来表现这种概率性的迁移，即通过 RNN 输出包含概率分布（混合高斯分布）的参数（Mixture Density Networks，混合密度网络）。读者可以将 RNN 理解为能够表现概率分布（迁移概率）根据时间步而变化的模型。

World Models 如图 6-8 所示，图中的 V 代表的是用于提取图像表征的 VAE（Vision Model），M 是用于学习图像迁移的 RNN（Memory RNN），C 是策略（Controller）。可以看出，代表策略的 C 从学习表征信息的 V 和 M 接收信息。

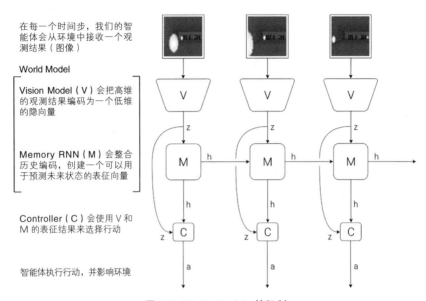

在每一个时间步，我们的智
能体会从环境中接收一个观
测结果（图像）

World Model

Vision Model（V）会把高维
的观测结果编码为一个低维
的隐向量

Memory RNN（M）会整合
历史编码，创建一个可以用
于预测未来状态的表征向量

Controller（C）会使用 V 和
M 的表征结果来选择行动

智能体执行行动，并影响环境

图 6-8　World Models 的机制

（引自 "World Models: Can agents learn inside of their own dreams?"）

World Models 的学习可以用如下代码实现。

代码清单 6-6

```
def rollout(controller):
    obs = env.reset()
    h = rnn.initial_state()
    done = False
    cumulative_reward = 0
    while not done:
        z = vae.encode(obs)
        a = controller.action([z, h])
        obs, reward, done = env.step(a)
        cumulative_reward += reward
        h = rnn.forward([a, z, h])
    return cumulative_reward
```

从 rnn 的输出 h 获取图像迁移的信息，从 vae 获取当前图像的信息，
controller 用于决定行动（controller.action([z, h])）。World

Models 虽然不对迁移函数和奖励函数进行推测，但是可以从环境信息（obs）中提取作为表征信息的 z 和 h，从而提高学习效率。

表征学习的方法有很多变种。"State Representation Learning for Control: An Overview" 这篇论文将表征学习的方法分为了如图 6-9 所示的 4 种。

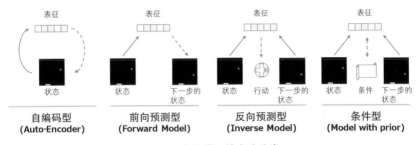

图 6-9　表征学习的方法分类

自编码型对状态（图像）的压缩表征进行学习。前向预测型重点学习如何预测下一步的状态。World Models 中使用 VAE 学习图像的压缩表征，图像的迁移则使用 RNN 进行学习，我们可以将 World Models 看作结合了自编码型和前向预测型的方法。

反向预测型重点学习如何预测将两种状态连接起来的行动，由此可以通过表征的方式对由行动导致的状态变化进行学习。条件型学习如何复现状态迁移应当满足的条件。比如在 *Catcher* 游戏中，小球只会从上向下移动，不会从右向左移动，条件型表征方法的目的就是学习这些条件的表征。从表征状态迁移背后的行动或规律的角度来说，反向预测型和条件型是同一类型的表征学习方法。

预训练学习"好的表征"，可以让学习的效率更高。具体地说，就是提前学习与奖励相关的状态或行动，如果智能体实现了目的，就给予奖励。这种方法与共用表征学习和模仿学习的方法比较像。"Playing hard exploration games by watching YouTube" 这篇论文将 YouTube 的播放画面与实际环境中的画面帧联系了起来，如果播放的画面到了目标画面帧，就给予奖励（图 6-10）。

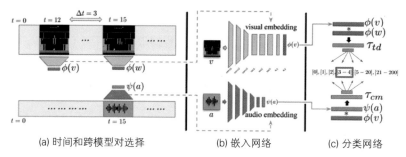

(a) 时间和跨模型对选择　　　　(b) 嵌入网络　　　　(c) 分类网络

图 6-10　从 YouTube 视频的画面和声音中提取出状态的特征
（ 引自 "Playing hard exploration games by watching YouTube" 中的图 3 ）

　　深度学习在数据的特征提取方面非常有效，利用这一点的表征学习的研究和应用在今后还会增多。

6.1.4　研究动向

　　下面将介绍除改善环境认知以外的方法的研究动向，比如具有迁移能力的**元学习**（ meta learning ）、能改善探索行动的给予内在奖励或内在动机的方法，以及来自外部的示教的课程学习（ 表 6-2 ）。

表 6-2　研究动向

观点 1	观点 2	典型方法
模型	学习能力	模型：Double DQN / Dueling Network 等 学习方法：Prioritized Replay 等
	迁移能力	迁移能力：元学习 再次利用：迁移学习
数据	改善环境认知	与基于模型的方法一起使用 表征学习
	改善探索行动	内在奖励 / 内在动机
		Noisy Nets 等
	来自外部的示教	课程学习
		模仿学习

前面已经介绍过了模型自身的改善，所以这里不再着墨。

　　首先，我们看一下提高模型迁移能力的元学习方法。元学习是让模型学习不同任务中相通的窍门，从而提高模型迁移能力的方法。借助元学习，即使各任务只有少量样本，模型也可以学习出不错的效果。我们可以从"教的一方"和"学的一方"这两个立场将元学习分为以下两种：

■ 学习"如何教"（learning to train）；
■ 学习"如何学"（learning to learn）。

　　"如何教"可以理解为如何成为一个优秀的老师，比如学习模型（学生）的最优化方法、提供数据的方式。"如何学"可以理解为如何成为一个优秀的学生，获取在多个任务中有效的模型初始值和结构。

　　最优化方法是"如何教"要学习的部分，这方面的研究有"Learning to Optimize"。这篇论文作者所在的伯克利 AI 研究所的博客中整理了很多相关研究（见书末本章的参考文献 [13]）。

　　在"Learning to Optimize"中，模型的反馈量（梯度）是通过强化学习进行最优化的。换句话说，就是将模型的预测误差以及累积的梯度作为状态，来寻找最合适的梯度值（图 6-11）。奖励是根据目标函数的值（学习完的模型的成绩）给予的。最终，通过提供最优的反馈（梯度），让目标函数尽早收敛（缩小值）。

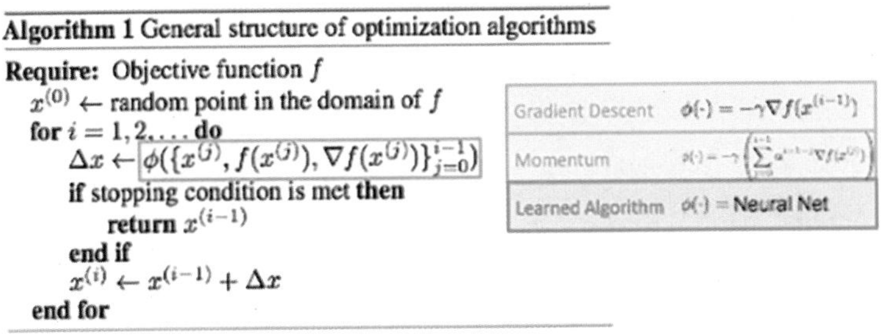

图 6-11　用于计算梯度的算法
在"Learning to Optimize"中，通过 Neural Net 学习梯度
（引自"Learning to Optimize with Reinforcement Learning"）

"Learning to Optimize"是以小型神经网络为对象的，谷歌发表的"Neural Optimizer Search with Reinforcement Learning"则用大规模的网络（Google 翻译的模型）来对"如何教"进行学习。这篇论文提到，比起经常被用作优化器的 Adam，学习了"如何教"的优化器的最优化性能更好。

提供数据的方式也是"如何教"要学习的内容。这方面的研究并不多，具体来说，有介绍将强化学习用于主动学习（active learning）的"Learning how to Active Learn: A Deep Reinforcement Learning Approach"，这篇论文中也提到了将强化学习用于主动学习的研究非常少。主动学习指的是在生成学习数据时，优先给那些学习效果更好的高质量数据添加标签。这篇论文中提到了自然语言处理中的命名实体（人名、地名等）识别任务。行动是"判断是否对文本序列添加标签"，但可以添加标签的数据数量（budget）是已经定好的。对于这样的任务，奖励有两种：一种是通过学习添加了标签的数据而带来的模型精度（各行动的结果）提高；一种是对所有添加标签的数据进行学习后的模型精度。

接下来，我们再介绍一下"如何学"方面的研究，这些研究的目的是针对不同的任务，使用尽量少的数据让模型学到更好的效果。通常的方法是事先对不同任务进行学习，从而获取通用性（泛化性）更强的知识。预训练分为 3 大类：学习数据结构相关知识的方法（Metric/Representation Base）、在模型之外积累知识的方法（Memory/Knowledge Base）、在模型中积累知识的方法（Weight Base）。数据结构的学习或知识积累经常作为改善环境认知的一环（其他还有表征学习、模型构建等）。这里介绍 Weight Base 的方法，该方法旨在通过预训练给模型找到合适的参数初始值。

得到合适的初始值的方法之一是 MAML（Model-Agnostic Meta-Learning，与模型无关的元学习）。MAML 是用少量数据找到适用于不同任务的合适的初始值的方法。如果任务是一些球类运动（棒球、足球、篮球等），那么我们的目标就是培养一个能在尽可能短的时间内学会各种球类运动的运动员。具体来说，将来自不同任务的反馈（梯度）组合起来，找到容易迁移到各个任务的初始值，如图 6-12 所示。拿刚才的例子来说，$\mathcal{L}_1$、$\mathcal{L}_2$、$\mathcal{L}_3$ 分别代表棒球、足球、篮球相关的反馈，要学习的是各个反馈相通的内容（比如，仔细盯着球的轨迹等）。

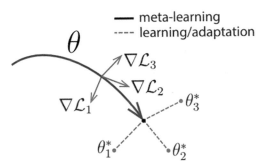

图 6-12　将各个任务中的梯度组合起来学习初始值
（引自 "Model-Agnostic Meta-Learning for Fast Adaptation of Deep Networks"
中的图 1）

另外，MAML 处理的"任务的集合"没有必要全是不同的任务。"Model-Based Reinforcement Learning via Meta-Policy Optimization"这篇论文中就是针对一个环境（任务）创建不同的模型，然后对不同的模型进行元学习。在这种事例中，元学习的方法就不是用于提高迁移能力，而是用于改善环境认知。

关于提高迁移能力，还有从外部拿来学习好的知识这一方法，这种方法叫作**迁移学习**（transfer learning）。特别是在源任务（source）和迁移后的目标任务（target）已确定的情况下，该方法也叫作**领域自适应**（domain adaptation）或**领域迁移**（domain transfer）。

迁移学习在实际工作中经常用到，这是因为从零开始进行学习非常花时间。一些预训练的方法首先在图像领域得到了广泛应用，后来在自然语言处理领域中也有了一些优秀的预训练方法，比如 2018 年的 ELMo（见书末本章的参考文献 [18]）、BERT（见书末本章的参考文献 [19]）。将迁移学习用于强化学习的研究有 "PathNet: Evolution Channels Gradient Descent in Super Neural Networks"。

PathNet 是由包含多个模块的层构成的网络（图 6-13）。在将信息传递给下一层时，要先在当前层中选择几个模块与信息结合，再传递给下一层。在图 6-13 中，绿色的是模块，红色的是被选中的模块，信息将通过蓝色的连接处理传递给下一层。对某个任务比较有效的路径会固定下来，然后用于别的任务。这种方式的学习效率比从零开始学习要高很多。

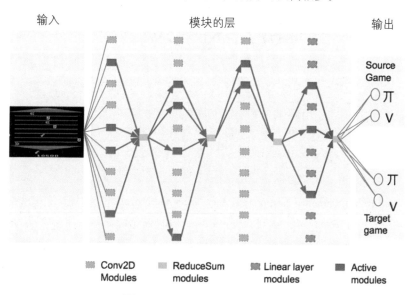

图 6-13　PathNet 中模块的再利用
（引自 "PathNet: Evolution Channels Gradient Descent in Super Neural Networks" 中的图 2）

源任务和目标任务都确定的领域迁移经常使用模拟器将学习成果迁移到现实世界中。2016 年发表的论文 "Sim-to-Real Robot Learning from Pixels with Progressive Nets" 将模拟器学到的成果直接用到了实际的机器人操作上。另外，在这篇论文发表之前，模拟器的精度还不是很高。2010 年的研究 "Transfer learning for reinforcement learning on a physical robot" 是把在机器人上学到的成果迁移到机器人上。图 6-14 引自 "Sim-to-Real Robot Learning from Pixels with Progressive Nets"，左边两张是实际的图像，右边是叫作 MuJoCo 的模拟器的图像。可以看到，模拟器的精度已经提高到很难分辨真假的程度了。

图 6-14　实际图像和模拟器图像的比较
（引自 "Sim-to-Real Robot Learning from Pixels with Progressive Nets" 中的图 3）

除了迁移在模拟器上学到的成果，还有让模拟器的数据与现实靠近的迁移研究，"Using Simulation and Domain Adaptation to Improve Efficiency of Deep Robotic Grasping" 就是这类研究之一。

除此之外，还有将人类行动转换为机器人的操作的领域迁移。"One-Shot Imitation from Observing Humans via Domain-Adaptive Meta-Learning" 这篇论文尝试挑战了仅从人类的一次行动来学习机器人的操作，将元学习与领域迁移组合起来，通过元学习提高采样效率，从而减少领域迁移所需的数据量（图 6-15）。

迁移学习并不是要改善模型自身的采样效率，但是再次使用预训练好的模型（在模拟器上学习好的模型等）可以从客观上提高采样效率。

接下来，我们不再关注模型方面的研究，把视角转到数据方面的研究上，介绍关于改善探索行动的研究动向。

改善探索行动的目的是获取能显著提高学习效果的高质量样本。学习效果好指的是模型能学习一些没有经历过的状态和行动的组合。站在人类的角度来说更好理解：人类即使不断地重复学习已经学过的东西，获得的经验也不会很多。

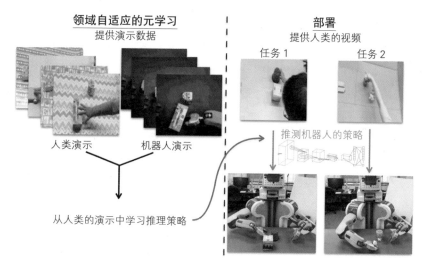

图 6-15　从人和机器人对于不同任务的演示中学习合适的初始值
（引自 "One-Shot Imitation from Watching Videos"）

改善可以分为次数和概率两个方面。换句话说，就是要么恰当地调整探索次数（探索概率），要么提高遇到高质量样本的概率。前者即我们在介绍 Rainbow 时提到的 Noisy Nets 方法，后者即内在奖励或内在动机。这些方法的起源都很早，近年来才重新得到关注。接下来，我们介绍一下关于内在动机的研究动向。

内在动机是由 2004 年的论文 "Intrinsically Motivated Reinforcement Learning" 提出来的。心理学上将外部给予的奖励叫作外在动机，将自己的欲求叫作内在动机。因为强化学习的奖励是外在动机，所以就有人提出了引入内在动机的方法。这篇论文中进行了一个实验：当采取能显著改变环境的行动时（按下电源开关后房间变亮等），给予与外在奖励不同的奖励，从而促进模型自己采取能显著改变环境的行动。

2017 年发表的论文 "Curiosity-driven Exploration by Self-supervised Prediction" 也采用了同样的思路。这篇论文将预测状态迁移的模型放在了内部，如果预测的状态和实际的状态差异特别大（说明有创新），就给予内在奖励，由此来促进模型探索新的状态（引入好奇心）。在《超级马里奥兄弟》上进行实验后，人们发现引入好奇心能更快通关，而且学习到的探索方法还能用于其他关卡（图 6-16）。

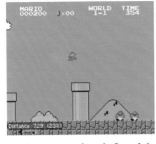 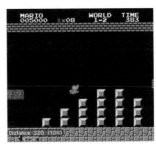

(a) learn to explore in Level-1   (b) explore faster in Level-2

图 6-16　引入了好奇心的模型

（引自"Curiosity-driven Exploration by Self-supervised Prediction"中的图 1）

内在动机的方法经常用于奖励稀疏的环境中。"奖励稀疏"可以简单理解为距离终点非常远。这个问题在从 2D 到 3D，从紧靠几个回合就决出胜负的游戏到需要很久才能决出胜负的游戏中，都非常明显。仅靠终点的奖励不足以促进行动，因此人们想出了一个解决思路，在中途的时候就给予一些适当的奖励。内在动机就是其中一种方法。

给予内在动机究竟效果如何呢？对此，"Large-Scale Study of Curiosity-Driven Learning"这篇论文做了大规模调查，汇总了在各种不同的游戏中只使用内在奖励而得到的结果。实验结果显示，不同种类的游戏的效果差异非常大。今后，关于缩小这种差异的研究（如何找到合适的给予内在奖励的方法，使得不论对于什么样的游戏都能保持一定效果）应该会增多。

最后，我们介绍一下属于"来自外部的示教"的方法，也就是课程学习。课程学习指的是像人类从简单的任务开始学习一样，让机器学习模型也从简单的任务开始学习，然后逐渐学习复杂的任务。

课程学习的起源也很久，早在 1993 年发表的"Learning and development in neural networks: the importance of starting small"就提出了将其用于神经网络

的想法。这篇论文的作者是提出了 RNN 的原型的杰夫·埃尔曼（Jeffrey L. Elman）教授。后来，同样是深度学习领域权威的约书亚·本吉奥（Joshua Bengio）教授在 2009 年正式发表了题为 "Curriculum Learning" 的论文，之后这方面的研究逐渐多了起来。但是，课程学习并不是强化学习专用的方法，在其他领域也有很多应用。

将课程学习应用到强化学习的方法有两类：一类是调整任务的难度；另一类是对任务进行分割。前者是将简单的任务迁移到困难的任务上，后者是将困难的任务分割为简单的任务，然后对每个任务进行学习。

调整任务的难度有很多方法，一种很简单的方法是一开始把起点放在离终点近的地方，然后逐渐增加距离，远离终点。"Reverse Curriculum Generation for Reinforcement Learning" 这篇论文使用的方法是，一开始把起点位置设置在容易获得奖励的状态（离终点近），然后渐渐调整到不清楚是否能够获得奖励的状态，获取奖励的难度也随之增大。起点位置的调整是由模型自己进行的，所以这也可以说是自己制作课程。"Learning Montezuma's Revenge from a Single Demonstration" 这篇论文将课程学习和模仿学习结合了起来，首先从离通关很近的地方开始学习，然后逐渐把开始学习的地点放在离起点位置近的地方。通过这种方法，即使是 Atari 游戏中难度较高的《蒙特祖玛的复仇》（*Montezuma's Revenge*），也能拿到 74 500 的高分（《蒙特祖玛的复仇》在一些网站上可以玩，大家可以自己尝试一下看一看有多难）。模型学习时只使用了一次演示。如图 6-17 所示，起点从左上角渐渐移动到了离奖励（钥匙）比较远的位置。

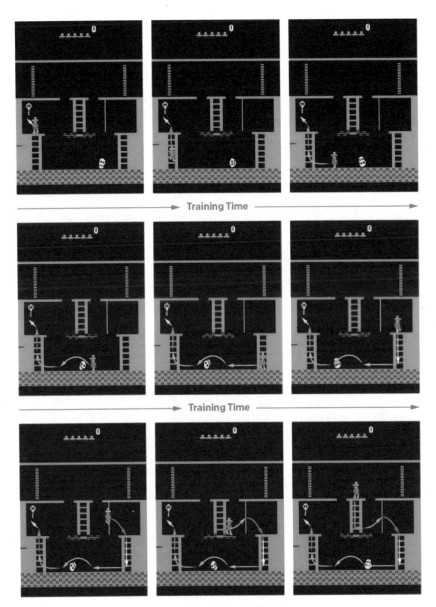

图 6-17　使用了演示的课程学习

（引自"Learning Montezuma's Revenge from a Single Demonstration"）

进行任务分割的研究有 "Hierarchical and Interpretable Skill Acquisition in Multi-task Reinforcement Learning"（图 6-18）。这篇论文提出，对给定的任务进行分类，如果直接就能处理好就直接进行处理，如果分割一下比较好，就先对任务进行分割再进行处理。这种课程学习的方式是首先学习基础的任务，然后学习如何对任务进行分类（是应该按照基础的任务进行处理，还是应该分割）。任务的分割方法并不需要人类指导，而是由模型自己学习的。

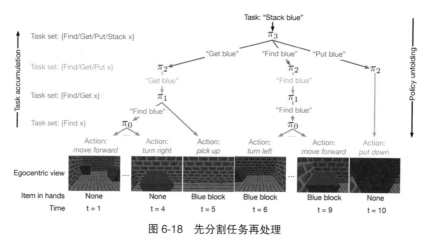

图 6-18　先分割任务再处理

（引自 "Hierarchical and Interpretable Skill Acquisition in Multi-task Reinforcement Learning" 中的图 1）

关于课程学习，还有直接自动生成课程的研究，比如使用上面介绍的内在动机学习任务结构的研究（见书末本章的参考文献 [33]）。今后，关于课程自动化以及基于人类的示教生成课程的研究应该也会增多。

以上就是关于研究动向的介绍。相信大家已经能够感受到提高采样效率是非常重要的研究课题。另外，这里介绍的方法并不是相互独立的，而是可以组合使用。比如，前面介绍了将表征学习和模仿学习组合的研究（见书末本章的参考文献 [11]），通过这种方式可以提高效率。

虽然研究一直在进步，但是也有单纯借助计算机的计算能力来解决问题的方法。比如，在图像识别中，一般使用 GPU 进行学习，只使用 CPU 的学习越来越少（将 CPU 用于推理的情况除外）。同样地，如果有计算能力更强的设备，那么即使采样效率很低，也能在短时间内学习结束。

OpenAI 攻略 *DOTA 2* 的思路就是利用计算机的计算能力来解决问题的典型例子。*DOTA 2* 是需要操作很多角色的复杂游戏，OpenAI 在学习过程中使用了本书介绍过的 PPO 算法。但是，为了能在一天内学习 180 年的内容，学习时使用了 128 000 个 CPU 核心和 256 个 GPU（图 6-19）。

图 6-19　学习后的智能体的行动和状态示意图
（引自 OpenAI Five）

经过学习，智能体在限定的规则下战胜了专业的人类选手（但是在真正的比赛 The International 中输给了人类选手）。这种方法与其说是改善了模型，不如说是通过投入大量计算资源，提高了学习量才赢了人类。这个例子有点极端，但它象征着这样一种可能性：比起使用提高采样效率的算法，直接购买计算能力强的机器进行学习效率更高（近年来，也可以不购买机器，而是使用云服务的资源进行学习）。

6.2 改善复现性的方法：进化策略

深度强化学习有学习不稳定的问题，这是复现性差导致的。梯度法不仅用于深度强化学习，在深度学习中也是常用的方法。作为代替梯度法的学习方法，**进化策略**（Evolution Strategies，ES）近年来获得了很多关注。进化策略是和遗传算法在同一时期提出的古典且简单的方法，二者的区别如下所示。

- 进化策略
  生成大量的参数，使用每个参数对模型进行评价，并不断循环以下过程：当模型评价较高时，再次生成此时的参数，并再次进行评价。
- 遗传算法
  与进化策略基本一致，不同点在于遗传算法会把模型评价较高时的参数混合在一起（交叉），或者随机加入一些参数（变异）。

古典且简单的进化策略受到关注的契机在于 OpenAI 发表的论文 "Evolution Strategies as a Scalable Alternative to Reinforcement Learning"。这篇论文中并没有使用常用的梯度法，而是使用了进化策略来更新模型参数，最终实现了更快、更稳定的学习。在这篇论文发表之后，又出现了很多将进化策略改进得更简单、复现性更好的研究，比如 "Simple random search provides a competitive approach to reinforcement learning" 就是其中之一。

下面我们来看一下进化策略的机制和代码。

进化策略是从多个候选参数中逐步确定优秀参数的方法，这一点和从初始状态逐渐变好的梯度法不一样。

进化策略最简单的方法是使用评价最高的前 N 个参数的均值和方差（包括不同参数的协方差）来生成新的参数，这种方法叫作**协方差矩阵自适应进化策略**（Covariance-Matrix Adaptation Evolution Strategy，CMA-ES）。使用 CMA-ES 进行参数探索的过程如图 6-20 所示。参数是 x1 和 x2，图中的点表示不同的 x1 和 x2 的组合。

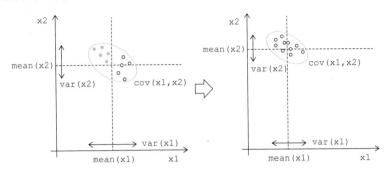

图 6-20 使用 CMA-ES 进行参数探索

图中有颜色的点是评价较高的 x1 和 x2 的组合，下一次的候补参数就在这附近生成。循环进行评价和移动生成范围，逐渐确定生成参数的位置。

OpenAI 提出的方法与这种方法稍有不同，并不是直接生成模型的参数，而是逐渐使之变化，具体步骤如下所示：

1. 随机生成多个添加到参数上的噪声；
2. 把添加了噪声的参数交给模型，对模型进行评价，即让模型进行多个回合的游戏，记录获得的奖励；
3. 选择那些对奖励有贡献的噪声并添加到模型上，删除对模型没有贡献的噪声，让参数回归原来的样子；
4. 返回第 1 步。

下面我们将按照这个顺序进行代码实现，再次挑战一下第 4 章中介绍过的接球游戏。因为上面的流程中没有计算梯度的部分，所以用 CPU 也能快速学习。步骤 2 中的模型评价可以使用并行的方式，这项工作更适合使用 CPU 进行。因此这次只使用 CPU，学习速度将比第 4 章中介绍的方法还要快。

下面我们就来进行实现，示例代码来自文件 EV/evolution.py。

首先实现 Agent 部分。

代码清单 6-7

```
import os
import argparse
import numpy as np
from sklearn.externals.joblib import Parallel, delayed
from PIL import Image
import matplotlib.pyplot as plt
import gym

# 为执行并行处理而禁止使用TensorFlow GPU
if os.name == "nt":
    os.environ["CUDA_VISIBLE_DEVICES"] = "-1"
else:
    os.environ["CUDA_VISIBLE_DEVICES"] = ""
os.environ["TF_CPP_MIN_LOG_LEVEL"] = "3"

from tensorflow.python import keras as K


class EvolutionalAgent():

    def __init__(self, actions):
        self.actions = actions
        self.model = None

    def save(self, model_path):
        self.model.save(model_path, overwrite=True, include_
                        optimizer=False)

    @classmethod
    def load(cls, env, model_path):
        actions = list(range(env.action_space.n))
        agent = cls(actions)
        agent.model = K.models.load_model(model_path)
        return agent

    def initialize(self, state, weights=()):
        normal = K.initializers.glorot_normal()
        model = K.Sequential()
        model.add(K.layers.Conv2D(
```

```
            3, kernel_size=5, strides=3,
            input_shape=state.shape, kernel_initializer=normal,
            activation="relu"))
    model.add(K.layers.Flatten())
    model.add(K.layers.Dense(len(self.actions),
            activation="softmax"))
    self.model = model
    if len(weights) > 0:
        self.model.set_weights(weights)

def policy(self, state):
    action_probs = self.model.predict(np.array([state]))[0]
    action = np.random.choice(self.actions,
                            size=1, p=action_probs)[0]
    return action

def play(self, env, episode_count=5, render=True):
    for e in range(episode_count):
        s = env.reset()
        done = False
        episode_reward = 0
        while not done:
            if render:
                env.render()
            a = self.policy(s)
            n_state, reward, done, info = env.step(a)
            episode_reward += reward
            s = n_state
        else:
            print("Get reward {}".format(episode_reward))
```

因为这次是使用 CPU 进行计算的，所以为了防止 TensorFlow 自动读取 GPU，需要改变一下环境变量（如果原本使用的就是 CPU 版本，则不需要进行这一步操作）。虽然 EvolutionalAgent 比第 4 章中的网络结构简单，但是输入图像、计算价值这部分并没有变化。这样就可以使用进化策略找到最适合该网络的参数了。

用于处理环境的 Observer 和第 4 章中的一样。

代码清单 6-8

```python
class CatcherObserver():

    def __init__(self, width, height, frame_count):
        import gym_ple
        self._env = gym.make("Catcher-v0")
        self.width = width
        self.height = height

    @property
    def action_space(self):
        return self._env.action_space

    @property
    def observation_space(self):
        return self._env.observation_space

    def reset(self):
        return self.transform(self._env.reset())

    def render(self):
        self._env.render(mode="human")

    def step(self, action):
        n_state, reward, done, info = self._env.step(action)
        return self.transform(n_state), reward, done, info

    def transform(self, state):
        grayed = Image.fromarray(state).convert("L")
        resized = grayed.resize((self.width, self.height))
        resized = np.array(resized).astype("float")
        normalized = resized / 255.0  # 归一化为0~1
        normalized = np.expand_dims(normalized, axis=2)  # H x W => W x
                                                          # W x C
        return normalized
```

接下来实现 Trainer 部分。

代码清单 6-9

```python
class EvolutionalTrainer():
```

```
def __init__(self, population_size=20, sigma=0.5, learning_
            rate=0.1, report_interval=10):
    self.population_size = population_size
    self.sigma = sigma
    self.learning_rate = learning_rate
    self.weights = ()
    self.reward_log = []

def train(self, epoch=100, episode_per_agent=1, render=False):
    env = self.make_env()
    actions = list(range(env.action_space.n))
    s = env.reset()
    agent = EvolutionalAgent(actions)
    agent.initialize(s)
    self.weights = agent.model.get_weights()

    with Parallel(n_jobs=-1) as parallel:
        for e in range(epoch):
            experiment = delayed(EvolutionalTrainer.run_agent)
            results = parallel(experiment(episode_per_agent,
                                self.weights, self.sigma)
                        for p in range(self.population_size))
            self.update(results)
            self.log()

    agent.model.set_weights(self.weights)
    return agent

@classmethod
def make_env(cls):
    return CatcherObserver(width=50, height=50, frame_count=5)

@classmethod
def run_agent(cls, episode_per_agent, base_weights, sigma,
            max_step=1000):
    env = cls.make_env()
    actions = list(range(env.action_space.n))
    agent = EvolutionalAgent(actions)

    noises = []
    new_weights = []

    # 创建权重
```

```
        for w in base_weights:
            noise = np.random.randn(*w.shape)
            new_weights.append(w + sigma * noise)
            noises.append(noise)

        # 测试游戏
        total_reward = 0
        for e in range(episode_per_agent):
            s = env.reset()
            if agent.model is None:
                agent.initialize(s, new_weights)
            done = False
            step = 0
            while not done and step < max_step:
                a = agent.policy(s)
                n_state, reward, done, info = env.step(a)
                total_reward += reward
                s = n_state
                step += 1

        reward = total_reward / episode_per_agent
        return reward, noises

    def update(self, agent_results):
        rewards = np.array([r[0] for r in agent_results])
        noises = np.array([r[1] for r in agent_results])
        normalized_rs = (rewards - rewards.mean()) / rewards.std()

        # 更新基础权重
        new_weights = []
        for i, w in enumerate(self.weights):
            noise_at_i = np.array([n[i] for n in noises])
            rate = self.learning_rate / (self.population_size * self.
                                         sigma)
            w = w + rate * np.dot(noise_at_i.T, normalized_rs).T
            new_weights.append(w)

        self.weights = new_weights
        self.reward_log.append(rewards)

    def log(self):
        rewards = self.reward_log[-1]
        print("Epoch {}: reward {:.3}(max:{}, min:{})".format(
            len(self.reward_log), rewards.mean(),
```

```
            rewards.max(), rewards.min()))

def plot_rewards(self):
    indices = range(len(self.reward_log))
    means = np.array([rs.mean() for rs in self.reward_log])
    stds = np.array([rs.std() for rs in self.reward_log])
    plt.figure()
    plt.title("Reward History")
    plt.grid()
    plt.fill_between(indices, means - stds, means + stds,
                     alpha=0.1, color="g")
    plt.plot(indices, means, "o-", color="g",
             label="reward")
    plt.legend(loc="best")
    plt.show()
```

train 根据指定的 epoch 值进行 update。update 指的是把 self.
population_size 个候选值交给 run_agent 进行评价。run_agent 使用
parallel 进行并行处理。

run_agent 使用添加了噪声的参数进行游戏并计算结果。向作为基础
值的参数（base_weights）添加噪声，然后将参数交给 agent，进行
episode_per_agent 次游戏。最后，返回所获奖励的平均值和添加的
噪声。

update 对参数 self.weights 进行更新。更新值是根据添加的噪声和
奖励相乘的结果（np.dot(noise_at_i.T, normalized_rs)）计算得来
的。这样就能根据对奖励的贡献度调整参数的变动量了。

经过 100 个回合后的学习结果如图 6-21 所示。

普通的计算机（64 位、Core i7、8 GM）不到 1 小时就能学习结束。这
个速度远比一般的深度强化学习快，而且无须使用 GPU。

基于进化策略的最优化还处于研究阶段，但它将来很可能成为与梯度
法比肩的优化方法。在提高强化学习的复现性方面，今后可能会出现这样
的研究：不再对梯度法进行改良，而是选择其他最优化算法，或者同时使
用多种最优化算法。

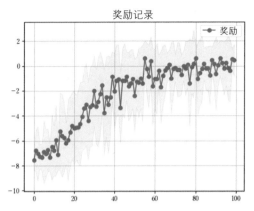

图 6-21　进化策略的学习结果（横轴为回合，纵轴为所获奖励）

6.3　应对局部最优行动和过拟合的方法：模仿学习和逆强化学习

最后，我们介绍一下应对局部最优行动和过拟合的方法。局部最优行动和过拟合指的是模型做出了预料外的行动的现象。让模型做出预料内的行动的学习方法有下面两种。

- ■ **模仿学习**
  根据人类的示范来学习行动。
- ■ **逆强化学习**
  根据示范反向计算奖励函数，然后根据奖励学习行动。

不论哪种方法都需要"示范"，提供示范的人一般叫作**专家**（expert）。根据示范的行动进行学习的方式是模仿学习，根据示范推测行动背后的奖励函数，然后对行动进行学习的方式是逆强化学习。本节将介绍这两种方法。

6.3.1　模仿学习

　　模仿学习与监督学习非常相似。模仿学习是提前记录专家的行动，然后让智能体做出和专家相似的行动。不过，单纯模仿专家的行动并不好，理由有两个：一是在状态数量非常多的情况下拆解专家的行动是很困难的；二是记录行动本身就很困难。

　　为了进一步说明这两个理由，我们拿自动驾驶来举例。针对第 1 个理由，专家需要准备各种情况下的示范，比如晴天、雨天、阴天、早上、中午、晚上等，工作量非常大；针对第 2 个理由，可以想象一下"为了获取差一点就造成事故的状态而需要在十字路口突然冲出去"这样的情形。

　　也就是说，专家可以提供的示范是有限的。

　　模仿学习的目标是，尽管示范是有限的，也能在遇到示范以外的情况时采取适当的行动。这里介绍以下 4 种模仿学习的方法：

1. Forward Training；
2. SMILe；
3. DAgger；
4. GAIL。

　　这 4 种方法是按出现的时间顺序排列的。GAIL 是近年来常用于模仿学习的方法，OpenAI baselines 中也收录了这种方法。另外，DAgger 也是一种常用的简单且有效的方法。

　　Forward Training（见书末本章的参考文献 [42]）是在每个时间步分别生成策略，然后把所有策略连接起来作为整体策略的方法。要想计算时间步 t 的策略 π_t，需要从到前一个时间步为止的策略（$\pi_1 \sim \pi_{t-1}$）的状态迁移得到时间步 t 的状态，并从专家的行动得到示范（状态和行动的组合），由此才能得到时间步 t 的策略 π_t（图 6-22）。

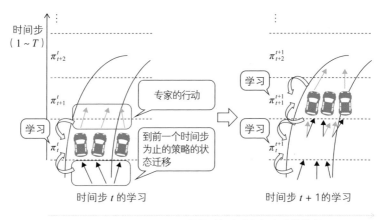

图 6-22　Forward Training 的学习步骤

　　如果时间步的上限是 T，就通过 T 次学习创建 T 个策略。在 Forward Training 的论文中，右下角标的数是时间步，右上角标的数是学习的次数。图 6-22 与论文一致，使用了 π。

　　通过 Forward Training，能够使用比单纯的监督学习更接近实际的状态迁移分布的数据来学习各个策略。但是 Forward Training 需要固定时间步的长度，这在现实中很难做到。另外，如果时间步很长，计算量也会变得很大。因为每个时间步都会有一个策略，所以即使是同一种状态，也会根据时间步的不同而出现行动不一致的问题。因为无法保持一致，所以该方法也被称为**非静态策略**（non-stationary policy）。

　　SMILe（Stochastic Mixing Iterative Learning，随机混合迭代学习）是对 Forward Training 的问题进行了改善的方法（见书末本章的参考文献 [42]）。Mixing 的意思是"混合"，指的是将多个策略进行混合。由于该方法对多个策略进行了统一，所以时间步的不同不会导致策略不一样，而且也不需要确定时间步的长度。

　　SMILe 只从专家的行动中学习初始策略，然后再把学习到的策略混合。设只从专家的行动中学到的初始策略为 π^*，在各个时间步学到的策略为 $\hat{\pi}^*$，则混合的过程可以写成：

$$\pi^n = (1-\alpha)^n \pi^* + \alpha \sum_{j=1}^{n} (1-\alpha)^{j-1} \hat{\pi}^{*j}$$

其中，α 是添加新策略的占比，学习次数越多（n 越大），初始策略 π^* 的占比就越低。也就是说，一开始是依赖示范的，但是渐渐地不依赖示范也能学到好的策略。

只看数学式不方便理解，这里我们结合图来说明。图 6-23 所示为时间步从 $n-1$ 到 n 的过程。时间步 $n-1$ 时的策略是 π^{n-1}，为了缩小与专家行动的差异而进行更新后的策略是 $\hat{\pi}^{*n}$。$\hat{\pi}^{*n}$ 只是在时间步 n 时的策略 π^n 上添加了 $\alpha(1-\alpha)^{n-1}$。相应地，既有的策略和初始策略 π^* 的占比减少了 $(1-\alpha)$。

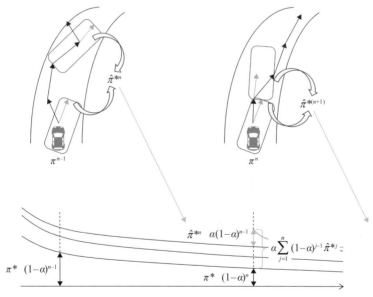

图 6-23　SMILe 的学习步骤

SMILe 的缺点是行动不稳定。SMILe 的策略是把多个策略混合后的结果，能否选择合适的策略总归是要看概率的（因为每个时间步的初始策略的占比都不是 0，所以总有被选到的可能性）。

DAgger（Dataset Aggregation，数据集聚合）与以策略为基准的 Forward Training 和 SMILe 不同，是以数据为基准的方法（见书末本章的参考文献 [43]）。其算法虽然简单，但性能有很大提高。

SMILe 与 DAgger 的不同点如下所示。

■ SMILe：将策略混合，然后生成最终策略。
■ DAgger：在混合数据后进行学习，然后生成最终策略。

DAgger 不像 SMILe 那样混合策略，它混合的是数据，具体做法是把各个时间步得到的状态和对应状态下的专家行动作为一组添加到学习数据上。策略只有从学习数据上学到的一种而已。这种方法学到的行动比 SMILe 更稳定，效果也很好。

DAgger 的学习过程如图 6-24 所示。通过策略把迁移后的状态和对应的专家行动累积到训练数据中。下一个时间步的策略是从训练数据上学到的。

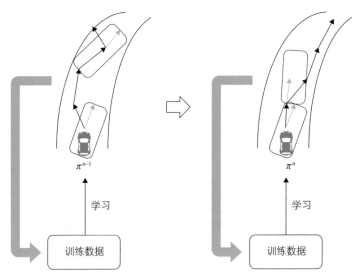

图 6-24 DAgger 的学习步骤

我们来看一下 DAgger 的代码实现，示例代码来自文件 IM/dagger.py。

因为模仿学习需要有作为模仿对象的专家，所以需要先创建专家。这次我们使用第 3 章中介绍的 Q 学习的智能体作为专家。

代码清单 6-10

```python
import os
import argparse
import warnings
import numpy as np
from sklearn.externals import joblib
from sklearn.neural_network import MLPRegressor, MLPClassifier
import gym
from gym.envs.registration import register
register(id="FrozenLakeEasy-v0", entry_point="gym.envs.toy_
         text:FrozenLakeEnv", kwargs={"is_slippery": False})


class TeacherAgent():

    def __init__(self, env, epsilon=0.1):
        self.actions = list(range(env.action_space.n))
        self.epsilon = epsilon
        self.model = None

    def save(self, model_path):
        joblib.dump(self.model, model_path)

    @classmethod
    def load(cls, env, model_path, epsilon=0.1):
        agent = cls(env, epsilon)
        agent.model = joblib.load(model_path)
        return agent

    def initialize(self, state):
        # 只需要从状态到行动的投影
        self.model = MLPRegressor(hidden_layer_sizes=(), max_iter=1)
        # 热身后使用预测方法
        dummy_label = [np.random.uniform(size=len(self.actions))]
        self.model.partial_fit([state], dummy_label)
        return self

    def estimate(self, state):
```

```
        q = self.model.predict([state])[0]
        return q

def policy(self, state):
    if np.random.random() < self.epsilon:
        return np.random.randint(len(self.actions))
    else:
        return np.argmax(self.estimate(state))


@classmethod
def train(cls, env, episode_count=3000,  gamma=0.9,
          initial_epsilon=1.0, final_epsilon=0.1, report_
          interval=100):
    agent = cls(env, initial_epsilon).initialize(env.reset())
    rewards = []
    decay = (initial_epsilon - final_epsilon) / episode_count
    for e in range(episode_count):
        s = env.reset()
        done = False
        goal_reward = 0
        while not done:
            a = agent.policy(s)
            estimated = agent.estimate(s)

            n_state, reward, done, info = env.step(a)
            gain = reward + gamma * max(agent.estimate(n_state))

            estimated[a] = gain
            agent.model.partial_fit([s], [estimated])
            s = n_state
        else:
            goal_reward = reward

        rewards.append(goal_reward)
        if e != 0 and e % report_interval == 0:
            recent = np.array(rewards[-report_interval:])
            print("At episode {}, reward is {}".format(
                    e, recent.mean()))
        agent.epsilon -= decay

    return agent
```

环境同样也使用第 3 章中介绍的 *FrozenLake*。因此，我们需要创建 Observer。

代码清单 6-11

```python
class FrozenLakeObserver():

    def __init__(self):
        self._env = gym.make("FrozenLakeEasy-v0")

    @property
    def action_space(self):
        return self._env.action_space

    @property
    def observation_space(self):
        return self._env.observation_space

    def reset(self):
        return self.transform(self._env.reset())

    def render(self):
        self._env.render()

    def step(self, action):
        n_state, reward, done, info = self._env.step(action)
        return self.transform(n_state), reward, done, info

    def transform(self, state):
        feature = np.zeros(self.observation_space.n)
        feature[state] = 1.0
        return feature
```

Observer 使用 transform 将状态从整数变为向量。这个向量是 One-hot 向量，其长度是状态数量，只在所属的状态位置显示为 1。

接下来创建从 Teacher 的行动中进行学习的 Student。

代码清单 6-12

```python
class Student():

    def __init__(self, env):
        self.actions = list(range(env.action_space.n))
        self.model = None
```

```python
    def initialize(self, state):
        self.model = MLPClassifier(hidden_layer_sizes=(), max_iter=1)
        dummy_action = 0
        self.model.partial_fit([state], [dummy_action],
                                classes=self.actions)
        return self

    def policy(self, state):
        return self.model.predict([state])[0]

    def imitate(self, env, teacher, initial_step=100, train_step=200,
                report_interval=10):
        states = []
        actions = []

        # 收集Teacher的演示
        for e in range(initial_step):
            s = env.reset()
            done = False
            while not done:
                a = teacher.policy(s)
                n_state, reward, done, info = env.step(a)
                states.append(s)
                actions.append(a)
                s = n_state

        self.initialize(states[0])
        self.model.partial_fit(states, actions)

        print("Start imitation.")
        # Student努力学习Teacher的行动
        step_limit = 20
        for e in range(train_step):
            s = env.reset()
            done = False
            rewards = []
            step = 0
            while not done and step < step_limit:
                a = self.policy(s)
                n_state, reward, done, info = env.step(a)
                states.append(s)
                actions.append(teacher.policy(s))
                s = n_state
                step += 1
```

```
    else:
        goal_reward = reward

    rewards.append(goal_reward)
    if e != 0 and e % report_interval == 0:
        recent = np.array(rewards[-report_interval:])
        print("At episode {}, reward is {}".format(
                e, recent.mean()))

    with warnings.catch_warnings():
        # 使用最新的scikit-learn，这里会被固定
        warnings.filterwarnings("ignore",
                                category=DeprecationWarning)
        self.model.partial_fit(states, actions)
```

imitate 是整个处理的中心。首先，使用学习好的 teacher 得到状态和行动，这就是专家行动。然后，只使用专家行动来学习初始策略。

在创建了初始策略后，使用 Student 的策略进行状态迁移，同时收集专家行动。然后，使用积累了状态和专家行动的学习数据（states、actions）更新 Student 的策略。更新次数为 train_step 次。

在收集专家行动时使用了专家策略。因为专家策略其实是无法获取的（如果可以获取，直接使用即可），所以需要从专家行动记录中采样，或者使用基于规则的策略。

最后，我们来实现进行学习的处理。

代码清单 6-13

```
def main(teacher):
    env = FrozenLakeObserver()
    path = os.path.join(os.path.dirname(_file_),
                        "imitation_teacher.pkl")

    if teacher:
        agent = TeacherAgent.train(env)
        agent.save(path)
    else:
        teacher_agent = TeacherAgent.load(env, path)
        student = Student(env)
```

```
        student.imitate(env, teacher_agent)


if __name__ == "__main__":
    parser = argparse.ArgumentParser(description="Imitation Learning")
    parser.add_argument("--teacher", action="store_true",
                        help="train teacher model")

    args = parser.parse_args()
    main(args.teacher)
```

　　如果指定了 --teacher 参数，就让 Teacher 进行学习；如果未指定，就让 Student 进行学习。在让 Student 进行学习之前，必须先让 Teacher 进行学习。因此，要先指定 --teacher 参数让 Teacher 进行学习。

代码清单 6-14

```
>python ./IM/dagger.py  --teacher
At episode 100, reward is 0.02
At episode 200, reward is 0.01
At episode 300, reward is 0.01
At episode 400, reward is 0.01
At episode 500, reward is 0.01
At episode 600, reward is 0.02
At episode 700, reward is 0.02
```

　　接下来，不指定 --teacher 参数，让 Student 进行学习。可以看到，学习速度比 Teacher 更快，也就是说，比不模仿的时候要快。

代码清单 6-15

```
>python ./IM/dagger.py
Start Imitation
At episode 10, reward is 0.0
At episode 20, reward is 0.0
At episode 30, reward is 0.0
At episode 40, reward is 0.0
At episode 50, reward is 1.0
```

最后，我们来介绍一下 GAIL（Generative Adversarial Imitation Learning，生成对抗模仿学习）（见书末本章的参考文献 [45]）。GAIL 是一种不让模仿专家行动这一处理"被看破"的方法。也就是说，有一个模仿专家行动的模型和一个看破模仿的模型。一个用来模仿（生成），另一个用来鉴定，这种学习方式称为**生成对抗学习**（Generative Adversarial Training）。生成对抗学习一开始被用于图像识别，比如生成对抗网络（Generative Adversarial Network，GAN），然后被应用到了模仿学习上。

另外，提出 GAIL 的那篇论文原本的研究目标是统一模仿学习和逆强化学习。虽然统一操作较为复杂，但是 GAIL 算法本身却很简单。模仿专家行动的模型由策略构成，而鉴定模仿行为的模型由 0/1 分类器构成，该分类器将判断模仿的行动是否是真的专家行动，并用 0 或 1 标记。前者用我们在第 4 章介绍的 TRPO 进行学习，后者一般用 Adam 进行学习。实现代码可以在 OpenAI baselines 中确认。

模仿学习是将强化学习应用到实际工作时必不可少的方法。由于存在示范，所以模仿学习可以提高强化学习的采样效率，经常被用于机器人控制等领域。下一章我们将介绍相关的事例。

6.3.2　逆强化学习

逆强化学习（Inverse Reinforcement Learning，IRL）指的是不去模仿专家的行动，而是直接去推测行动背后的奖励函数的方法。推测奖励函数有 3 个好处：第 1 个是不再需要设计奖励，这样就可以防止出现上一章介绍的无法预料的行动；第 2 个是可以迁移到其他任务上，如果其他任务的奖励函数也相似，就可以将学习结果用于其他任务（比如将学习结果用于同一种类的其他游戏上）；第 3 个是可以理解人类（或者动物）的行动。"Learning strategies in table tennis using inverse reinforcement learning"这篇论文中使用了逆强化学习来分析乒乓球选手的行动（图 6-25）。

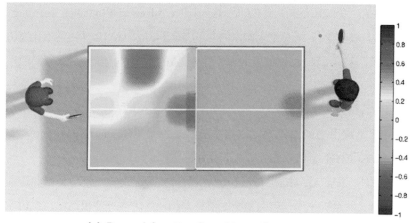

(a) Reward function for table preferences

图 6-25 乒乓球比赛中推测的奖励
（引自 "Learning strategies in table tennis using inverse reinforcement learning"
中的图 7a ）

逆强化学习主要按照以下步骤进行：

1. 评价专家的行动（策略、状态迁移等）；

2. 对奖励函数进行初始化；

3. 利用奖励函数学习策略；

4. 更新奖励函数，让学习的策略的评价结果接近专家的评价结果（步骤 1）；

5. 回到步骤 3。

以上步骤的示意如图 6-26 所示。

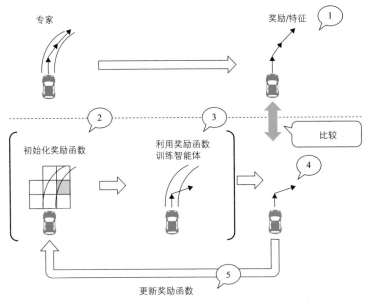

图 6-26　逆强化学习的过程

　　从上面的步骤可以看出，逆强化学习的学习很花时间。这是因为，通常的强化学习（基于奖励让智能体进行学习）只到步骤 3 为止，逆强化学习则在此基础上根据智能体的学习结果更新奖励函数，并返回到步骤 3，然后不断循环。而深度强化学习在步骤 3 也会有学习好几个小时的情况，实际应用起来很不方便。后面我们将介绍一些可以解决这个问题的方法。

　　逆强化学习的方法可以按 3 个观点进行分类：第 1 个是评价行动的方法；第 2 个是对奖励函数进行建模的方法；第 3 个是用于最优化的问题设定。表 6-3 按这 3 个观点对不同方法进行了整理。

表 6-3　逆强化学习的分类

	评价行动的方法	奖励函数	问题设定
线性规划法	策略	线性函数	最大间隔
AIRL	状态迁移	线性函数	最大间隔
最大熵法	状态迁移	线性 / 非线性函数	最大熵
贝叶斯法	状态迁移	分布	贝叶斯推断

线性规划法（见书末本章的参考文献 [47]）根据奖励对行动进行评价。因为专家的行动应当是最优的行动，所以按如下方式进行奖励的推测：如果模型学到了专家的行动，就获得较高的奖励，除此之外则获得较低的奖励。因为是让奖励的差值（margin）最大化（max），所以属于**最大间隔**（max margin）问题。

我们用数学式来表示最大间隔问题。首先对比专家的策略和非专家的策略，然后让差值最大化。

状态价值可以表示为：

$$V^{\pi}(s) = R(s) + \gamma \sum_{s'} P_{s,\,\pi(s)}(s')V^{\pi}(s')$$

其中，P 是迁移概率。$P_{s,\,a}$ 是状态为 s、行动为 a 时的迁移概率[1]。此时，设专家的行动是 a^*，假设不论在什么状态下都能得到 a^*，然后省略状态（因为在任何状态下都能得到 a^*，所以没有必要写明），数学式[2]可以写成：

$$V^{\pi} = R + \gamma P_{a^*}V^{\pi}$$

获取非专家行动 P_a 时也一样。此时，我们可以知道，基于非专家行动而产生的价值应该不大于基于专家行动而产生的价值：

$$P_{a^*}V^{\pi} \geq P_a V^{\pi}$$

---

[1]　关于 $\pi(s)$ 的定义，请参考书末本章的参考文献 [47]。——译者注

[2]　该式中的 **R** 是奖励值（R）的向量写法，详情请参考书末本章的参考文献 [47]。——译者注

将右项移到不等号左边：

$$(P_{a*} - P_a)V^\pi \geq 0$$

由于 $V^\pi = R + \gamma P_{a*}V^\pi$，所以 $V^\pi = (I - \gamma P_{a*})^{-1}R$。将上式变形为：

$$(P_{a*} - P_a)(I - \gamma P_{a*})^{-1}R \geq 0$$

这是将专家策略与非专家策略进行比较时的条件表达式。然后，尽量让式子的左边，即专家策略与非专家策略的差值变大：

$$\text{maximize} \sum_{i=1}^{N} \min_{\forall a \in A \setminus a^*} \{[P_{a*}(i) - P_a(i)](I - \gamma P_{a*})^{-1}R\}$$

maximize 内部含有 min，意思是当专家所获奖励最高时，与第二高的奖励（即与专家奖励的差值为 min 的奖励）的差值要尽量变大。

要想求解该式，还需要增加一些条件。因为一开始是以 $R = 0$ 为初始条件的，满足条件的奖励 R 有很多，无法取一个定值，所以我们要对 R 添加条件。最终的最大间隔问题为：

$$\text{maximize} \sum_{i=1}^{N} \min_{\forall a \in A \setminus a^*} \{[P_{a*}(i) - P_a(i)](I - \gamma P_{a*})^{-1}R\} - \lambda \| R \|_1$$
$$\text{s.t.} (P_{a*} - P_a)(I - \gamma P_{a*})^{-1}R \geq 0^{\forall} a \in A \setminus a^*$$
$$| R_i | \leq R_{\max}, i = 1, \cdots, N$$

奖励 R 的绝对值小于等于 $R_{\max}$（$| R_i | \leq R_{\max}$, $i = 1, \cdots, N$），另外我们还引入针对 R 的惩罚项（$-\lambda \| R \|_1$ =L1 正则化项）。添加这些限制都是为了将 R 的值控制在较小的范围内。

AIRL（见书末本章的参考文献 [48]）关注的是状态迁移（这里简写为 AIRL 只是因为论文的全称太长了，它其实并不是通用的简写）。专家可以达到的状态和其他策略达到的状态肯定是有差距的，所以对那些专家达到的状态给予高奖励，而对非专家达到的状态给予低奖励。也就是说，根据状态迁移的特性来计算奖励。AIRL 和线性规划法一样，都是为了让奖励的差值尽可能地扩大，它们的不同之处在于 AIRL 中的奖励依赖于状态迁移的特征。

线性规划法和 AIRL 使用的最大间隔的问题设定，可以使用线性规划法（这里是指最优化方法）来求解。线性规划法是把限制条件和目标函数全部通过线性函数来表现，然后求解符合条件的值或者使函数最大的值的方法。图 6-27 中的各条线是对 $x1$、$x2$ 的限制条件，符合条件的解就在 3 条线围成的区域内，其中最优解在 3 个顶点中的任一个上。

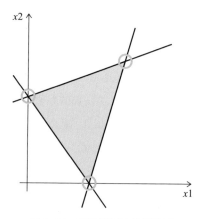

图 6-27　线性规划法的函数图

本书不介绍使用线性规划法求解逆强化学习的代码实现，感兴趣的读者可以了解一下 scipy 库，它实现了很多线性规划法的功能。

最大间隔的问题设定需要对"非专家行动"与"专家行动"进行比较。与此相对，**最大熵法和贝叶斯法**都是为了复现专家行动而对奖励进行推测的直观方法。

最大熵法（见书末本章的参考文献 [49]）和 AIRL 一样，都是根据状态迁移进行评价的。如果是专家的迁移状态，就设定较高的奖励；如果不是专家的迁移状态，就尽量让奖励平均。换句话说，就是在专家未迁移的状态下尽量让模型随机选择行动。

这样的设定也容易理解，就像如果是熟悉的路，就按照熟悉的路往前走；如果路不熟悉，就掷骰子尽量随机选择前进方向。之所以尽量随机（以一样的概率）选择迁移后的状态，是为了让熵尽量高，因此这称为最大熵法。

如果对最大熵法的问题设定进行更严密的定义，就是在让熵最大化的同时，尽量接近专家的迁移状态，这是因为有"接近专家迁移状态"的条件限制。

在有条件限制的最大熵求解方法中，拉格朗日乘数法最为常用。虽然看名字可能会觉得复杂，但是该方法和线性规划法一样，都是在有限制条件的情况下求解最大值或最小值。简单地说，就是将限制条件写到目标函数中（当作目标函数中的惩罚项，即拉格朗日松弛），然后用微分求解最大值或最小值问题，这一点是和线性规划法不一样的地方。

另外，"在指定条件之外的地方让熵最大的分布"其实已经作为一个固定的模式被人们所熟知了（principle of maximum entropy，最大熵原理）。只要使用符合这个模式的分布，就能保证熵最大。然后，我们只需要尽量接近专家的迁移状态就行了（这就变成了最大似然估计问题）。在逆强化学习中，分布的数学式如下：

$$P(\zeta \mid \theta) = \frac{\exp[R(\zeta)]}{\sum_{\zeta \in Z} \exp[R(\zeta)]}$$

其中，$P(\zeta \mid \theta)$ 是在有参数 θ 的前提下，专家的状态迁移 ζ 被复现的概率。$R(\zeta)$ 是针对专家的状态迁移的奖励。我们在前面提到过这个分布可以保证熵最大，所以只需要找到让 $P(\zeta \mid \theta)$ 最大的 θ 就行了，但上式中并没有 θ，它是出现在 $R(\zeta)$ 的定义中的：

$$R(\zeta) = \theta^T f$$

在介绍 AIRL 时，我们提到了奖励依赖于状态迁移的特征。这里，状态迁移的特征是 f，对应的系数是 θ。也就是说，$R(\zeta)$ 是将状态迁移的特征 f

当作参数，然后与权重 θ 相乘，从而输出奖励的函数。

状态迁移的特征 f 的定义如下：

$$f = \sum_{s \in \zeta} \phi(s)$$

将通过状态迁移 ζ 到达的各状态 s 通过函数 ϕ 转换为特征，并计算合计值。当 ϕ 是把状态转换为 One-hot 向量的函数时，f 的计算方式也会变为对通过状态迁移 ζ 到达的状态进行计数。f 的计算过程如图 6-28 所示。

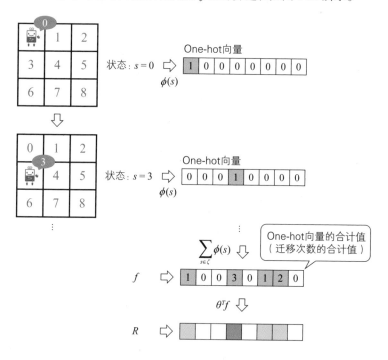

图 6-28　状态迁移的特征 f 和奖励 R 的计算过程

以上就是 $P(\zeta|\theta)$ 的定义中涉及的所有参数。接下来，我们来求解令 $P(\zeta|\theta)$ 最大化的 θ。

求 θ 可以用梯度法，但梯度法的求解过程较为复杂，所以这里不过多介绍。简单地说，就是计算"专家的状态迁移特征"和"使用参数 θ（奖励 $R(\zeta)$）学习到的策略的状态迁移特征"之间的差值。这个差值越小，就越符合专家的行动（等同于策略的行动），更进一步可以理解为学习策略时使用的奖励（等同于专家的奖励）：

$$\nabla \ln P(\zeta \mid \theta) = f_{\text{expert}} - \sum_{\zeta} P(\zeta \mid \theta) f_{\zeta}$$

最复杂的部分是"使用参数 θ（奖励 $R(\zeta)$）学习到的策略的状态迁移特征"的计算。在这个计算中，要通过 θ 计算奖励，然后利用奖励对策略进行最优化，进一步计算策略的状态迁移特征。在每次更新 θ 后，都需要按上面的步骤重新计算，这也是逆强化学习较为耗时的原因之一。

最近，有一些研究提出了简化该计算的方案。"Relative Entropy Inverse Reinforcement Learning"使用了重要性采样来回避策略最优化时的计算。在计算状态迁移特征时，越接近专家的状态迁移就给予越大的权重，越远离专家的状态迁移就给予越小的权重。通过给予相应权重来代替策略的最优化计算，可以在不学习策略的情况下求解 f。"Guided Cost Learning:Deep Inverse Optimal Control via Policy Optimization"根据学习到的策略对用于计算状态迁移特征的轨迹进行采样，从而进一步提高了计算效率。

接下来，我们就来实现最大熵法。虽然前面使用了很多数学式，但计算并不复杂，简单地说就是让"专家的状态迁移特征"尽量靠近"通过参数 θ（奖励 $R(\zeta)$）得到的策略的状态迁移特征"。

但是，在计算"通过参数 θ（奖励 $R(\zeta)$）得到的策略的状态迁移特征"时，需要使用 θ（奖励 $R(\zeta)$）对策略进行最优化。最优化使用的是第 2 章中介绍的动态规划法，这里不再赘述，读者可以通过以下文件中的代码实现进行确认。

■ IRL/planner.py：通过动态规划法制订计划的 Planner 的定义。

■ IRL/environment.py：迷宫的环境。

接下来，我们来实现使用了最大熵法的逆强化学习的代码，示例代码来自文件 IRL/maxent.py。

代码清单 6-16

```python
import numpy as np
from planner import PolicyIterationPlanner
from tqdm import tqdm


class MaxEntIRL():

    def __init__(self, env):
        self.env = env
        self.planner = PolicyIterationPlanner(env)

    def estimate(self, trajectories, epoch=20, learning_rate=0.01,
                 gamma=0.9):
        state_features = np.vstack([self.env.state_to_feature(s)
                                    for s in self.env.states])
        theta = np.random.uniform(size=state_features.shape[1])
        teacher_features = self.calculate_expected_feature(trajectories)

        for e in tqdm(range(epoch)):
            # 预测奖励
            rewards = state_features.dot(theta.T)

            # 基于预测奖励对策略进行最优化
            self.planner.reward_func = lambda s: rewards[s]
            self.planner.plan(gamma=gamma)

            # 基于策略预测特征
            features = self.expected_features_under_policy(
                            self.planner.policy, trajectories)

            # 更新后接近Teacher
            update = teacher_features - features.dot(state_features)
            theta += learning_rate * update

        estimated = state_features.dot(theta.T)
        estimated = estimated.reshape(self.env.shape)
        return estimated
```

```
def calculate_expected_feature(self, trajectories):
    features = np.zeros(self.env.observation_space.n)
    for t in trajectories:
        for s in t:
            features[s] += 1

    features /= len(trajectories)
    return features

def expected_features_under_policy(self, policy, trajectories):
    t_size = len(trajectories)
    states = self.env.states
    transition_probs = np.zeros((t_size, len(states)))

    initial_state_probs = np.zeros(len(states))
    for t in trajectories:
        initial_state_probs[t[0]] += 1
    initial_state_probs /= t_size
    transition_probs[0] = initial_state_probs

    for t in range(1, t_size):
        for prev_s in states:
            prev_prob = transition_probs[t - 1][prev_s]
            a = self.planner.act(prev_s)
            probs = self.env.transit_func(prev_s, a)
            for s in probs:
                transition_probs[t][s] += prev_prob * probs[s]

    total = np.mean(transition_probs, axis=0)
    return total
```

estimate是整个计算流程的中心，一开始先准备好可以将状态转换为特征的矩阵，然后对用于计算奖励的参数theta进行初始化。接着，根据专家的行动，通过calculate_expected_feature计算状态迁移特征f。在这个过程中，状态迁移特征f是根据迁移次数而变化的概率。

接下来，执行下面的步骤：

1. 根据$R(\zeta)=\theta^T f$计算奖励（state_features.dot(theta.T)）；
2. 使用计算得到的奖励对策略进行最优化（self.planner.plan）；

3. 根据策略计算状态迁移特征 f（ `self.expected_features_under_` `policy` ）;

4. 计算与专家的迁移状态特征之间的差值，更新 theta。

策略的状态迁移特征是通过 `self.expected_features_under_` `policy` 计算的。从与专家一样的初始状态开始，然后计算基于同样的时间步迁移时的迁移概率。接着，通过将计算得到的状态迁移特征与专家的相比较来进行更新。

最后，实现进行学习处理的代码。

代码清单 6-17

```python
if __name__ == "__main__":
    def test_estimate():
        from environment import GridWorldEnv
        env = GridWorldEnv(grid=[
            [0, 0, 0, 1],
            [0, 0, 0, 0],
            [0, -1, 0, 0],
            [0, 0, 0, 0],
        ])
        # 训练Teacher
        teacher = PolicyIterationPlanner(env)
        teacher.plan()
        trajectories = []
        print("Gather demonstrations of teacher.")
        for i in range(20):
            s = env.reset()
            done = False
            steps = [s]
            while not done:
                a = teacher.act(s)
                n_s, r, done, _ = env.step(a)
                steps.append(n_s)
                s = n_s
            trajectories.append(steps)

        print("Estimate reward.")
```

```
irl = MaxEntIRL(env)
rewards = irl.estimate(trajectories, epoch=100)
print(rewards)
env.plot_on_grid(rewards)

test_estimate()
```

执行上面的代码，可以得到图 6-29。

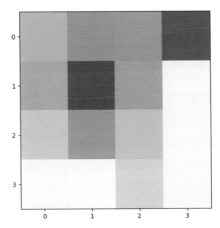

图 6-29　基于最大熵法的逆强化学习的执行结果

可以看到，实际的奖励得到了很好的复现（负奖励的部分略微偏了一些）。实际的奖励是在初始化 GridWorldEnv 的部分设定的，所以可以通过改变设定值来查看得到的奖励的图形会如何变化。

除了线性的奖励函数，最大熵法还可以推测非线性的奖励函数。"Maximum Entropy Deep Inverse Reinforcement Learning" 使用了深度学习来根据状态迁移特征对奖励进行推测。这种方法可以表示更复杂的奖励函数（图 6-30）。

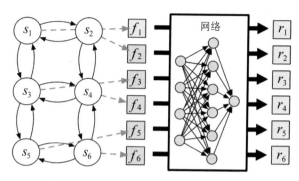

图 6-30 通过神经网络来推测奖励函数
（引自 "Maximum Entropy Deep Inverse Reinforcement Learning" 中的图 2 ）

以上就是关于最大熵法的说明。接下来，我们介绍基于贝叶斯法的逆强化学习。

贝叶斯法（见书末本章的参考文献 [54]）是通过贝叶斯推断（Bayesian inference）来推测奖励的方法。贝叶斯推断是基于贝叶斯定律来推测概率分布的方法。贝叶斯定律如下所示：

$$P(Y \mid X) = \frac{P(X \mid Y)P(Y)}{P(X)}$$

其中，$P(Y|X)$ 指的是当事件 X 发生时 Y 发生的概率，即条件概率。$P(Y)$ 是先验概率（X 发生前的概率），$P(Y|X)$ 是后验概率（X 发生后的概率）。

将贝叶斯推断的公式应用到逆强化学习上，得到如图 6-31 所示的结果。

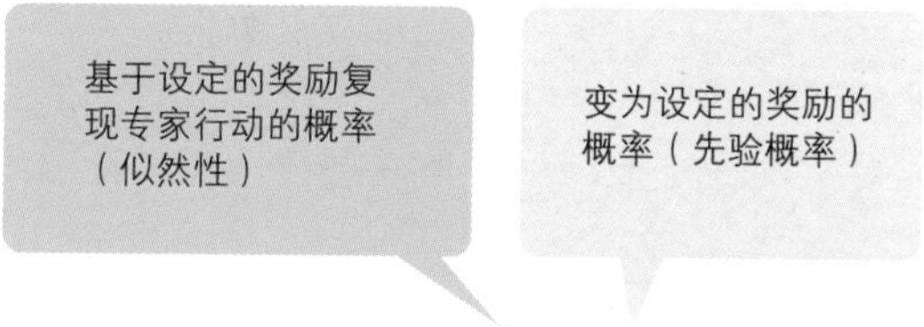

基于设定的奖励复现专家行动的概率（似然性）

变为设定的奖励的概率（先验概率）

$$P(R \mid \zeta) = \frac{P(\zeta \mid R)P(R)}{P(\zeta)}$$

图 6-31 基于贝叶斯推断的逆强化学习

因为专家的行动已经给定了，所以可以无视 $P(\zeta)$，将"变为设定的奖励的概率（先验概率）"与"基于设定的奖励复现专家行动的概率（似然性）"相乘，即可找到最大的 R。

但是，满足这个条件的 R 有很多。因此，与最大熵法一样，在不满足指定条件时，选择熵最大的分布，比如均匀分布和正态分布等，可以根据推测出来的奖励的特征来选择分布。比如，在大部分状态得到的奖励差值很小的情况下，就选择大部分值比较均匀集中的正态分布。贝叶斯法的一个优点就是可以根据奖励选择概率分布。

贝叶斯法的优化方法有 MCMC（Markov Chain Monte Carlo，马尔可夫链蒙特卡洛方法）等。MCMC 是基于采样的方法，通过不断重复创建参数生成器和评价的过程，来对参数进行探索。普通的蒙特卡洛方法（这里的蒙特卡洛方法与强化学习中的蒙特卡洛方法并不一样）只是单纯地随机生成参数并进行探索而已，MCMC 则是基于前一次的生成和评价结果连续（使用马尔可夫链）对参数进行探索。

MCMC 与进化策略比较相似。因此，贝叶斯法的最优化算法使用了之前学习过的进化策略。示例代码来自文件 IRL/bayesian.py。

代码清单 6-18

```
import numpy as np
import scipy.stats
from scipy.special import logsumexp
from planner import PolicyIterationPlanner
from tqdm import tqdm


class BayesianIRL():

    def __init__(self, env, eta=0.8, prior_mean=0.0, prior_scale=0.5):
        self.env = env
        self.planner = PolicyIterationPlanner(env)
        self.eta = eta
        self._mean = prior_mean
```

```python
        self._scale = prior_scale
        self.prior_dist = scipy.stats.norm(loc=prior_mean,
                                           scale=prior_scale)

    def estimate(self, trajectories, epoch=50, gamma=0.3,
                 learning_rate=0.1, sigma=0.05, sample_size=20):
        num_states = len(self.env.states)
        reward = np.random.normal(size=num_states,
                                  loc=self._mean, scale=self._scale)

        def get_q(r, g):
            self.planner.reward_func = lambda s: r[s]
            V = self.planner.plan(g)
            Q = self.planner.policy_to_q(V, gamma)
            return Q

        for i in range(epoch):
            noises = np.random.randn(sample_size, num_states)
            scores = []
            for n in tqdm(noises):
                _reward = reward + sigma * n
                Q = get_q(_reward, gamma)

                # 计算先验概率（log prob之和）
                reward_prior = np.sum(self.prior_dist.logpdf(_r)
                                      for _r in _reward)

                # 计算似然值
                likelihood = self.calculate_likelihood(trajectories, Q)
                # 计算后验概率
                posterior = likelihood + reward_prior
                scores.append(posterior)

            rate = learning_rate / (sample_size * sigma)
            scores = np.array(scores)
            normalized_scores = (scores - scores.mean()) / scores.std()
            noise = np.mean(noises * normalized_scores.reshape((-1, 1)),
                            axis=0)
            reward = reward + rate * noise
            print("At iteration {} posterior={}.".format(i, scores.mean()))

        reward = reward.reshape(self.env.shape)
        return reward
```

```
def calculate_likelihood(self, trajectories, Q):
    mean_log_prob = 0.0
    for t in trajectories:
        t_log_prob = 0.0
        for s, a in t:
            expert_value = self.eta * Q[s][a]
            total = [self.eta * Q[s][_a] for _a in self.env.actions]
            t_log_prob += (expert_value - logsumexp(total))
        mean_log_prob += t_log_prob
    mean_log_prob /= len(trajectories)
    return mean_log_prob
```

这里使用了正态分布（scipy.stats.norm）。estimate 是整个处理的中心，整个处理按以下步骤进行：

1. 生成用于往奖励中添加的噪声；
2. 使用添加了噪声的奖励对策略进行最优化，计算策略中的 Q 值；
3. 基于使用的概率分布计算奖励的发生概率（先验概率：reward_prior）；
4. 基于奖励计算能够复现专家行动的概率（似然值：self.calculate_likelihood）；
5. 使用先验概率和似然值计算后验概率（posterior）；
6. 基于后验概率的大小生成能反映噪声的奖励值。

　　因为概率的计算使用了对数，所以乘法变为了加法，除法变为了减法。calculate_likelihood 中的 expert_value 虽然看似没有取对数，但其实与分母 logsumexp(total) 一样，都是先取了指数又取了对数（log(exp(expert_value))），所以它的值与不进行任何操作时的值一样。根据噪声对奖励进行更新的部分与讲解进化策略时的内容是一样的。

　　最后，我们来实现进行学习处理的代码。

代码清单 6-19

```
if __name__ == "__main__":
    def test_estimate():
        from environment import GridWorldEnv
        env = GridWorldEnv(grid=[
            [0, 0, 0, 1],
            [0, 0, 0, 0],
            [0, -1, 0, 0],
            [0, 0, 0, 0],
        ])
        # 训练Teacher
        teacher = PolicyIterationPlanner(env)
        teacher.plan()
        trajectories = []
        print("Gather demonstrations of teacher.")
        for i in range(20):
            s = env.reset()
            done = False
            steps = []
            while not done:
                a = teacher.act(s)
                steps.append((s, a))
                n_s, r, done, _ = env.step(a)
                s = n_s
            trajectories.append(steps)

        print("Estimate reward.")
        irl = BayesianIRL(env)
        rewards = irl.estimate(trajectories)
        print(rewards)
        env.plot_on_grid(rewards)

    test_estimate()
```

执行代码之后，可以得到如图 6-32 所示的结果。

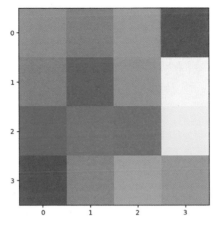

图 6-32 基于贝叶斯法的逆强化学习的执行结果

可以看出，与最大熵法一样，推测结果是正常的。

如果在某种程度上知道奖励函数的结构，并且能够用概率分布（先验概率）来表现该结构，那么贝叶斯法非常有效。以上就是关于贝叶斯法的说明。

本章我们介绍了克服强化学习弱点的各种方法。在改善采样效率方面，我们介绍了一些改善环境认知的模型，比如结合了基于模型和无模型的 Dyna、使用了表征学习的 World Models。另外，我们还了解了其他方法的相关研究动向。针对复现性差的问题，本章介绍了与梯度法不同的进化策略。最后，针对局部最优行动和过拟合，介绍了模仿学习和逆强化学习。

至此，我们不仅学习了强化学习的优点，还学习了其弱点和弱点的克服方法。可以说，我们已经做好了将强化学习应用到工作中的准备。最后一章将介绍强化学习的实际应用领域，以及今后可能的一些应用领域。

第**7**章

强化学习的应用领域

本章将介绍强化学习的一些应用事例和未来可能的应用领域。前几章都是以攻略游戏为中心来使用强化学习的，虽然很有趣，但可能也会让大家对强化学习能否用于实际工作产生疑问。本章就将解答这些疑问。

强化学习的应用可以说正处在黎明期。虽然在自动驾驶方面的应用很有名，但是开发自动驾驶汽车的 Waymo 已经把重心从模仿学习转移到了监督学习（RNN）（见书末本章的参考文献 [1]）。另外，中国的出行服务提供商滴滴出行开始将强化学习应用于车辆调配的最优化（见书末本章的参考文献 [2]）。从这些事例中可以发现，应用周期已经开始循环。也就是说，应用范围在不断扩大，与此同时，应用结果作为反馈也在不断累积，然后又再次应用于现实社会。

应用强化学习的方式大致有以下两种（图 7-1）。

- **行动的最优化**
  - ·控制优化
  - ·行为优化
- **学习的最优化**

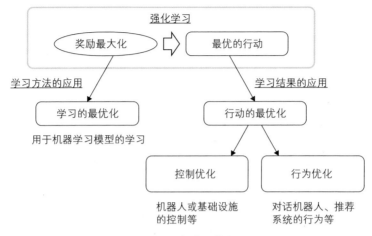

图 7-1　强化学习的应用

　　行动的最优化指的是直接应用强化学习学到的行动。控制优化是对一些机器（车、机器人手臂等）的控制，行为优化是根据具体情况表现出合适的行为（对话系统的应答、商品的推荐等）。控制优化是为了让成本最小，而行为优化是为了让效果（点击率或销售额等）最大。

　　学习的最优化指的是应用强化学习中让奖励最大化这个过程，比如奖励是"机器学习模型的精度"，行动是"调整参数"，那么使用强化学习就可以对机器学习模型进行最优化。这种学习的最优化想要得到的是最优化对象（比如机器学习模型），而不是行动。应用强化学习学到的行动是"行动的最优化"，应用强化学习中让奖励最大化这个过程则是"学习的最优化"。

　　下面我们将分别介绍这两种方法的应用事例。通过阅读本章，我们可以明白以下 3 点：

- 应用强化学习的两种模式；
- 应用强化学习的两种模式的研究和事例；
- 应用强化学习的两种模式的工具和服务。

那么，下面就正式开始学习之旅吧。

7.1 行动的最优化

行动的最优化指的是通过强化学习获取用于达到某个目的（奖励）的行动。拿操作机器人来说，就是抓取某个东西，或者去往某个目的地等行动；拿广告投放来说，就是获取促使用户点击的广告投放方法。如果能够获取最优的行动，就能解放人类的劳动力。

在行动的最优化中，最大的问题是第 5 章中介绍的强化学习的弱点，即学习耗时长，可能会出现预料之外的行动，复现性差。特别是在控制方面，在很多情况下不允许失误。在操作机器时，如果发生操作失误，就会酿成重大事故。因此，在将强化学习应用到实际工作中时，要充分使用第 6 章中介绍的方法。

Bonsai 这家公司曾对那些不允许失误的系统应用强化学习（该公司已于 2018 年 6 月被微软收购）。Bonsai 在让机器人学习行动时，会先把行动分解成容易实现的行动（图 7-2）。这就是第 6 章中介绍过的课程学习。

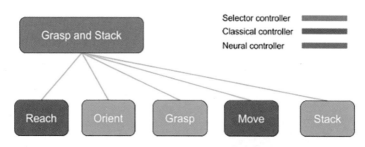

图 7-2　Bonsai 对抓取物体并堆积这样的任务进行学习
（引自 "Concept Network Reinforcement Learning for Flexible Dexterous
Manipulation project bonsai for autonomous systems" 中的图 2）

分解行动有两个好处。第 1 个是学习会变得简单。如果直接对 "抓取物体并堆积"（Grasp and Stack）这个任务进行学习，那么必须同时完成抓取和堆积两个任务才能获取奖励。但是，如果将任务分解为抓取（Grasp）、移动

（Move）、堆积（Stack）这样的单个任务，就能使获得奖励所需的时间步变短，使学习变得简单。第 2 个是复用性更强。拿之前的例子来说，将抓取这一行动独立出来之后，还可以将其应用到别的场景，比如抓住控制杆并倾斜。

利用模仿学习的公司有 Covariant.ai。这家公司的公开信息并不多，但是其出资方有很强的强化学习技术背景，分别是在模仿学习和基于模型的研究方面能力很强的 UC Berkeley 和开发 OpenAI Gym 的 OpenAI。这家公司的做法是让人操作机器人，然后根据这些操作记录进行模仿学习，从而让机器人学会单独行动。简单地说，他们希望基于实际行动的机器人编程成为可能。

一说到控制，大家可能会立刻想到自动驾驶。自动驾驶也用到了很多模仿学习的技术。虽然自动驾驶的技术在进步，但是也有很多失败的情况。"Exploring the Limitations of Behavior Cloning for Autonomous Driving" 对这些情况进行了很好的总结。正如本章开头所讲的那样，也有一些企业使用别的方法取代了强化学习。但是强化学习的应用领域并不仅限于自动驾驶。由机器学习和数据挖掘方面的学术会议 KDD（Knowledge Discovery and Data Mining，知识发现和数据挖掘）举办的关于交通的教学中提出了如图 7-3 所示的未来的交通构想。

图 7-3　未来的交通构想
（引自 KDD 2018 "Artificial Intelligence in Transportation"）

这幅图描绘了未来的交通景象：智慧载具运行在智能的交通基建上，共享出行服务（派车服务）在此基础上展开。实际上，已经有研究正在将强化学习应用到红绿灯控制和车辆调配的最优化上，比如之前提到的滴滴出行就将强化学习应用在了车辆调配的最优化上。

行为控制指的是模型控制自己在环境中的行动，具体包括广告投放、推荐系统、AI 游戏等。在这些应用场景中，即使出现失误，也不会有特别大的问题，所以强化学习在这些场景中的应用比较广泛。

广告投放和推荐系统经常用到第 3 章讲到的多臂老虎机的方法。在对用户进行广告投放时，虽然探索越多，投放的准确率越高，但是一旦探索过度，也会发生用户完全不买账的情况，这叫作"探索与利用的折中"。实际上，因为已经知道了用户的属性和所推荐商品的属性，所以广告投放经常会使用利用了这些属性信息的上下文多臂老虎机（contextual bandit）的方法。

应用上下文多臂老虎机的事例有很多，比如领英（LinkedIn）的广告布局优化（见书末本章的参考文献 [7]）、雅虎（Yahoo）的新闻推荐优化（见书末本章的参考文献 [8]）等。奈飞（Netflix）根据用户的喜好（喜欢的画面或者演员）对同一部电影进行了定制化的布局（图 7-4）。

图 7-4　Netflix 的定制化布局
（引自"Artwork Personalization at Netflix"）

当然，在强化学习最为擅长的游戏领域，各种应用事例也层出不穷。对游戏进行学习的智能体主要用来对游戏进行测试。这是因为，近年来线上游戏会有频繁的更新，必须测试一下，确认内容更新是否会影响用户体验。比如，在 "Evolving the Hearthstone Meta" 这篇论文中，在《炉石传说》（*Hearthstone*）这一卡牌游戏中更新卡牌时，就使用进化策略进行了平衡性测试。

在与游戏稍微有些相近的对话领域中也有强化学习的应用。对话领域使用的技术通常以监督学习或基于规则为主流。但是，从 Amazon Alexa 举办的对话系统竞赛 Alexa Prize 来看，强化学习在对话领域的存在感变强了。这项竞赛是以大学的研究人员为对象举办的，目标是开发能与用户进行日常对话的 socialbot。评价指标是对话的时间和质量（质量由进行对话的人类按 5 个等级来评价）。如果评价为 4 以上且持续对话 20 分钟，那么除了奖金之外，还能额外获得 100 万美元的研究经费作为奖励。这项竞赛从 2017 年开始举办，2018 年也继续举办了。

在 Alexa Prize 2017 选出的 15 个队伍中，有 13 个队伍提到了强化学习。虽然每个队伍使用强化学习的程度不同（前 3 名的队伍虽然提及了强化学习，但是并没有使用），但关于强化学习能有效改善对话，可以说大家已经形成了共识。2015 年被苹果公司收购的 VocallQ 的史蒂夫·杨（Steve Young）教授也对将强化学习应用于对话领域持积极态度（见书末本章的参考文献 [12]）。

在行动的最优化方面，关注行为的事例比较多，尤其是在评价指标是数值的场景下，强化学习的应用比较简单。点击通过率（click through rate，即实际点击次数与广告的显示次数之比）就是一种数值指标。近年来，由于物联网技术的发展，以数值为主的数据范围和应用场景也在扩大。比如，通过图像和传感器检测农作物的生长情况，并学习水和肥料的最优配比（见书末本章的参考文献 [13]）。

在进行行动的最优化时，有很多辅助开发的工具。接下来，我们分别介绍一些用于控制优化和行为优化的工具。

Unity ML-Agents 是便于在游戏开发软件 Unity 上使用强化学习的库（图 7-5）。因为 Unity 是游戏开发软件，所以也可以直接制作 3D 环境。

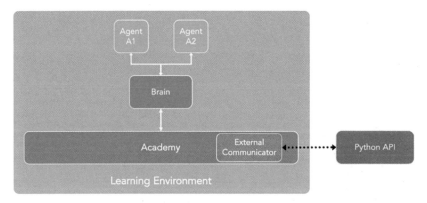

图 7-5　Unity ML-Agents 的构成
（引自 GitHub 上 Unity Technologies 的项目主页）

Learning Environment 是环境，Academy 定义了环境中每一步的处理和重置方法等（图 7-5）。如果拿 OpenAI Gym 来类比，则 Atari 游戏等就是 Learning Environment，处理这些游戏的 Gym 环境（Pong-v0 等）就是 Academy。

Agent 定义了智能体的行动和奖励等。比如，在游戏中按下 A 按钮，智能体会跳跃，如果撞上敌人，则奖励为 –1。连接 Agent 和 Academy 的 Brain 是用来控制行动的。实现 Brain 的方法有两种：一种是通过 Python API 调用外部的控制的方法（External）；另一种是把学习完毕的模型导入内部的方法（Internal）。

Unity ML-Agents 不仅提供学习好的模型，还支持模仿学习。它的开发社区也很活跃，想必今后还会添加更多功能。

pybullet 是开源的物理模拟器 Bullet 的 Python 接口（图 7-6）。在使用强化学习对物体控制等进行学习时，通常使用 MuJoCo 这样的物理模拟器，但 MuJoCo 是收费软件，于是 pybullet 基于开源的物理模拟器 Bullet，重新制作了可以生成模拟环境的 pybullet-gym。pybullet-gym 不仅能让模型在和 MuJoCo 一样的环境下进行学习，还能在使用 Bullet 制作的环境中学习。OpenAI 提供的机器人模拟环境 roboschool 也是基于 Bullet 制作的。

图 7-6　使用 Bullet 制作的模拟环境
（引自 "Bullet Real-Time Physics Simulation"）

除了模拟，我们还能实际操作硬件执行行动。SenseAct 是一个可以对市面上的机器人（机械人手臂等）的操作进行学习的框架，它提供了和 OpenAI Gym 一样的操作接口。如果还没有到买机器人那一步，推荐使用由无线电控制的 Gym-Duckietown。

Duckietown 是以 RaspberryPi 这样的小型计算机为基础组装的无线电装置（图 7-7）。使用 Gym-Duckietown 可以对 Duckietown 的操作进行学习。Gym-Duckietown 提供了两个环境：一个是在模拟器上学习的 MultiMap-v0；另一个是对实际的无线电装置进行学习的 Duckiebot-v0。这样一来，就可以简单地尝试把在模拟器上学到的结果直接应用到现实世界。

如果觉得使用 RaspberryPi 制作无线电装置很难，可以使用亚马逊在 2018
年推出的 DeepRacer 进行尝试。目前，很多国家在举办使用 DeepRacer 的
竞速比赛。

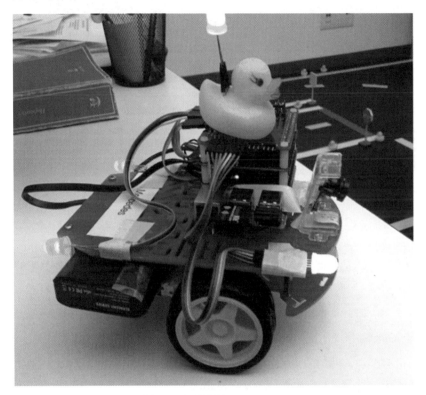

图 7-7　组装好的 Duckietown
（引自 "'Duckietown' is an Open-Source MIT Class & Computer-Vision
Self-Driving Robot for #RaspberryPi"）

微软开发的 AirSim 是用于自动驾驶汽车和无人机的模拟环境。该环境
是基于 Unreal Engine 这一游戏引擎开发出来的。在真实感的描绘上，
Unreal Engine 比 Unity 更优秀。比如图 7-8 中的画面，如果不仔细看，很难
分辨与现实的区别（但是相应地也很消耗计算资源）。

图 7-8　AirSim 内的画面
（引自 AirSim Demo）

　　AirSim 还可以和操作机器人的框架（库）ROS 进行协作。ROS 是用于操作机器人的中间层，可以操作世界上大部分机器人（还可以操作软银的 Pepper）。因此，在 AirSim 上学习的结果还可以直接搭载到实际的机器人上。和 AirSim 一样以 Unreal Engine 为基础开发的强化学习环境还有 Holodeck。

　　接下来，我们介绍一下用强化学习进行行为优化的两个工具：一个是可以让多个智能体同时进行学习的 Malmo；另一个是可以对对话模型进行开发和评价的 ParlAI。在行为优化的学习中，存在难以制作模拟器的问题。这是因为，广告投放需要对看到广告的用户进行建模，对话需要对交流的人进行建模。这些难以制作模拟器的场景基本上是由人类来实际进行评价的。实际的做法有募集一些测试用户（Amazon Mechanical Turk 等服务较为常用）进行评价，或者选取一部分实际用户，直接应用学习后的模型。

　　Malmo 是可以让多个智能体协调行动并学习的框架（图 7-9）。比如在《我的世界》（Minecraft）这样一款在由方块构筑的世界中探险的游戏中，

可以对一起用方块造房子这一行动进行学习。机器学习的顶级会议 NeurIPS
的竞赛也用到了这个游戏。随着竞赛的举办，更为易用的数据集 MineRL
也被公开了。

图 7-9　Malmo 中的模拟环境
（引自 Project Malmo）

ParlAI 是一个能够轻松构建对话系统的框架（图 7-10）。这个框架可以
在 SQuAD、bAbl、Ubuntu Dialog 等著名的问答或对话数据集上进行学习。
该框架还具有为了进行强化学习而传递奖励的结构。因为还能与 Amazon
Mechanical Turk 这样的众包服务，以及 Facebook Messenger 这样的沟通
软件进行协作，所以 ParlAI 也能做到与人类进行对话以及基于人工的应答
评价。

图 7-10　facebookresearch/ParlAI
（引自 GitHub 上 ParlAI 的项目主页）

公开了 ParlAI 的 Facebook 还公开了 Horizon 这样促进强化学习实用化
的框架。很多人可能会吃惊于竟然有如此种类丰富的学习环境。不仅仅是
强化学习，机器学习的应用也在不断进步。这也得益于将研究成果和工具
进行分享的开源精神。

7.2　学习的最优化

　　学习的最优化指的是应用强化学习中让奖励最大化这个过程。近年来深度学习模型中使用梯度法进行最优化的情况较多，所以计算梯度自然是有必要的。第 4 章中使用的均方误差虽然能计算梯度，但有些指标则无法计算。因为翻译、摘要、搜索系统的评价指标是无法计算梯度的，所以很难直接通过梯度法进行最优化。

　　如果使用强化学习，就可以不计算梯度，而是把评价指标的值当作奖励来进行学习。这是强化学习在学习的最优化方面的优点。本节就对强化学习中模型参数的最优化和结构的最优化进行介绍。

　　对模型参数进行最优化的例子有生成摘要和生成化学物质结构。

　　"A Deep Reinforced Model for Abstractive Summarization" 就是将摘要的评价指标 ROUGE 分数作为奖励来对模型进行学习的研究。简单地说，ROUGE 可以评价人类生成的摘要的一致程度。Scorer 用于计算作为奖励的ROUGE，Model 则为了生成奖励较高的摘要（Summary）而进行学习（图7-11）。在这篇论文中，通过在监督学习的基础上应用强化学习，生成的不是简单的平铺直叙的摘要，而是有一定改变的摘要。

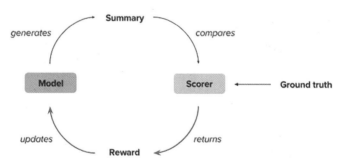

图 7-11　将 ROUGE 作为奖励对模型进行学习
（引自 "A Deep Reinforced Model for Abstractive Summarization"）

　　"MolGAN: An implicit generative model for small molecular graphs" 是利用强化学习生成化学物质结构的研究。如果生成的结构含有特定的化学性

质，就给予奖励，由此生成包含想要的化学性质的分子（图 7-12）。

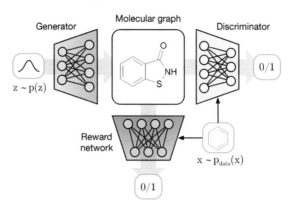

图 7-12 用强化学习对化学物质结构的生成进行最优化
（引自 "MolGAN: An implicit generative model for small molecular graphs"）

以上就是使用强化学习进行参数最优化的事例。接下来，我们介绍模型结构最优化的事例。

近年来，获取模型结构的研究很盛行。截至 2018 年，迁移性能最高的图像识别模型是通过自动探索的方式发现的（见书末本章的参考文献 [28]）。该模型在自动探索的研究 "Learning Transferable Architectures for Scalable Image Recognition" 中被提出，名为 NASNet，其探索方法使用的是本书介绍过的 PPO。

在对模型结构进行探索时，深度学习模型的设计和超参数的取值有时会较为困难。网络结构和超参数的选择太多，不同组合又会对最终结果造成显著影响。让人类一个一个地去试是不现实的，所以关于超参数的设定，甚至模型构建的自动化的尝试多了起来。

谷歌推出的 AutoML 可以根据数据对模型结构进行探索（图 7-13）。如果使用 AutoML，就不再需要由机器学习工程师构建模型，终端用户自己就可以构建模型。

How does Cloud AutoML work?

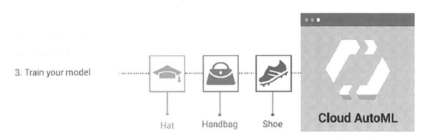

图 7-13 谷歌云端平台 AutoML
（引自 YouTube 上的"Introducing Cloud AutoML"）

在图像识别中，使用迁移学习就能实现不错的精度，所以需要进行结构探索的情景并不算多。但是，自动探索有一个好处，就是只要设定好目的（奖励），就能把构建模型的任务完全交给计算机。谷歌在移动端机器学习模型的开发上（见书末本章的参考文献 [30]），以及在将图像输入到模型之前的预处理上（见书末本章的参考文献 [31]），都用到了自动探索的方法。

这里说点题外话。在有些研究中，学习的最优化的对象并不是机器学习模型，而是人类。也就是说，将人类的学习成果作为奖励，让强化学习模型进行学习。"New Potentials for Data-Driven Intelligent Tutoring System Development and Optimization"中介绍了将机器学习应用到教育领域的事例。"An Evaluation of Pedagogical Tutorial Tactics for a Natural Language Tutoring System: A Reinforcement Learning Approach"这篇论文研究发现，利用强化学习更改内容呈现方式可以提高学生的学习效果。

用于学习的最优化的工具有 Auto-Keras。这个库是以本书中用到的 Keras 为基础开发出来的，可以对模型的超参数和结构进行自动探索。虽然直到 2019 年，它还处于预发布的阶段，但开发仍在继续。

一说到强化学习的应用，大家可能首先会想到游戏和机器人。但是，像这种行动的最优化只是强化学习的一个特性而已。强化学习的另一个特性是学习的最优化，它让强化学习的应用领域变得更为宽广。

本章主要介绍了强化学习的应用领域以及相关工具。在介绍应用方式时，我们主要分为了两种进行介绍：一种是直接应用强化学习学到的最佳行动的"行动的最优化"；另一种是应用强化学习中让奖励最大化这个过程的"学习的最优化"。关于行动的最优化，我们介绍了机器人操作等控制优化方面的事例，以及对话和广告投放的优化等行为优化方面的事例。关于学习的最优化，我们介绍了通过强化学习对机器学习模型的超参数进行学习，以及自动构建模型。在介绍各个事例时，我们还介绍了对应的工具。有了这些信息，将强化学习应用到实际工作中就不再是痴人说梦。

乍一看，强化学习似乎只能应用于游戏，在现实中很难应用。但是，只要知道其弱点，并采取合适的对策，就能将其应用到实际的服务和解决方案中。本章的事例也说明了强化学习已经被真正应用到了现实中。另外，丰富的工具也为强化学习在更多场景、更加复杂的任务中的应用提供了支撑。

下面简单回顾一下我们到现在为止讲解的内容：第 1 章到第 4 章由浅入深地介绍了深度强化学习；第 5 章介绍了强化学习的弱点；第 6 章介绍了克服这些弱点的方法；第 7 章介绍了实际使用强化学习的事例以及对应的工具。本书之所以采取这样的结构，是为了让大家在学习强化学习的同时，还能了解如何将其应用到现实中。

强化学习的应用正在稳步发展。换句话说，强化学习的应用机会也在渐渐增多。笔者也希望各位读者能通过本书抓住这样的机会。希望在本书再版（假如有机会）时，属于你的事例能够出现在本书中。

参考文献

这里将介绍笔者写作本书时参考的文献。为便于读者查看，参考文献是分章节并按照它们在正文中出现的顺序排列的。顺便一提，"前言"部分列出的是与强化学习相关的资料。

前言

如果想更加深入地了解本书未涉及的范围或者本书省略的数学式的讲解和证明，推荐通过以下文献或网址学习。

[1] Reinforcement Learning: An Introduction

这是由强化学习的巨匠理查德·桑顿（Richard S. Sutton）和安德鲁·巴图（Andrew G. Barto）合著的一本强化学习方面的图书。该书第 2 版的书稿可以从互联网上免费获取。本书通俗易懂，关于数学式的讲解也非常细致。书中还提供了示例代码，内容非常充实。本书也多次引用了该书中的内容。

[2] UCL Course on RL

这是 UCL（University College London，伦敦大学学院）举办的强化学习课程的资料。笔者在写作本书第 1 章～第 3 章时多次参考了这份资料。虽然其中关于深度学习的内容并不多，但可以从基础部分开始好好学习。

[3] dennybritz/reinforcement-learning

这是一个 GitHub 仓库，其中汇聚了强化学习的实现示例及相关解说。解说虽然很短，但都是重点，而且通俗易懂。本书示例代码的实现参考了本资料。

[4] DeepMind: Match 1 - Google DeepMind Challenge Match: Lee Sedol vs AlphaGo

[5] Tianhe Yu，Chelsea Finn. One-Shot Imitation from Watching Videos [DB/OL]. [2018].

[6] AI DJ Project

[7] Deep RL Bootcamp

[8] icoxfog417. 使い始める Git[DB/OL]. [2018].

[9] icoxfog417/python_exercises[DB/OL]. [2019].

第 1 章

[1] Greg Brockman, Vicki Cheung, Ludwig Pettersson, et al. OpenAI Gym[DB/OL]. arXiv preprint arXiv:1606.01540, [2016].

[2] Adam Roberts, Jesse Engel, Colin Raffel, et al. MusicVAE: Creating a palette for musical scores with machine learning[DB/OL]. [2018].

[3] Beat Blender

[4] Teachable Machine

[5] thibo73800/metacar

第 2 章

[1] Mario Martin. Reinforcement Learning Searching for optimal policies I: Bellman equations and optimal policies[DB/OL]. [2011].

[2] Elena Pashenkova, Irina Rish, Rina Dechter. Value iteration and policy iteration algorithms for Markov decision problem[C/OL]. In AAAI Workshop on Structural Issues in Planning and Temporal Reasoning, [1996].

[3] Michael Herrmann. RL 8: Value Iteration and Policy Iteration[DB/OL]. [2015].

第 3 章

[1] Richard S. Sutton, Andrew G. Barto. Reinforcement Learning: An Introduction[M]. Cambridge: The MIT Press, 1998.

[2] Christopher Watkins. Learning From Delayed Rewards[D]. Cambridge: Cambridge University, 1989.

第 4 章

[1] CS231n: Convolutional Neural Networks for Visual Recognition

[2] CS294-112: Deep Reinforcement Learning

[3] Deep RL Bootcamp

[4] MathWorks Convolutional Neural Network

[5] icoxfog417. Convolutional Neural Network とは何なのか [DB/OL]. [2017].

[6] Fabian Pedregosa, Gaël Varoquaux, Alexandre Gramfort, et al. Scikit-learn: Machine Learning in Python[DB/OL]. JMLR, 2011, 12(85): 2825 – 2830.

[7] Martín Abadi, Ashish Agarwal, Paul Barham, et al. TensorFlow: Large-scale machine learning on heterogeneous distributed systems[DB/OL]. [2015].

[8] François Chollet, et al. Keras[CP/OL]. [2015].

[9] Pete Shinners, et al. Pygame[CP/OL]. [2001].

[10] Norman Tasfi. PyGame Learning Environment[CP/OL]. GitHub repository, [2016].

[11] lusob/gym-ple

[12] John Qian, Matthias Plappert. keras-rl[CP/OL]. GitHub repository, [2016].

[13] Volodymyr Mnih, Koray Kavukcuoglu, David Silver, et al. Playing Atari with Deep Reinforcement Learning[C/OL]. In NIPS Deep Learning Workshop, [2013].

[14] Ziyu Wang, Tom Schaul, Matteo Hessel, et al. Dueling Network Architectures for Deep Reinforcement Learning[DB/OL]. arXiv preprint arXiv:1511.06581, [2015].

[15] Hado van Hasselt, Arthur Guez, Matteo Hessel, et al. Learning values across many orders of magnitude[C/OL]. In NIPS, [2016].

[16] Matteo Hessel, Hubert Soyer, Lasse Espeholt, et al. Multi-task Deep Reinforcement Learning with PopArt[DB/OL]. arXiv preprint arXiv:1809.04474, [2018].

[17] Matteo Hessel, Joseph Modayil, Hado van Hasselt, et al. Rainbow: Combining Improvements in Deep Reinforcement Learning[DB/OL]. arXiv preprint arXiv:1710.02298, [2017].

[18] Marc G. Bellemare, Will Dabney, Rémi Munos. A Distributional Perspective on Reinforcement Learning[C/OL]. In ICML, [2017].

[19] Volodymyr Mnih, Adria Puigdomenech Badia, Mehdi Mirza, et al. Asynchronous Methods for Deep Reinforcement Learning[C/OL]. In ICML, [2016].

[20] Lilian Weng. Policy Gradient Algorithms[DB/OL]. [2018].

[21] Andrej Karpathy. Deep Reinforcement Learning: Pong from Pixels[DB/OL]. [2016].

[22] John Schulman. The Nuts and Bolts of Deep RL Research[DB/OL]. [2016].

[23] John Schulman, Sergey Levine, Philipp Moritz, et al. Trust Region Policy Optimization[C/OL]. In ICML, [2015].

[24] John Schulman, Filip Wolski, Prafulla Dhariwal, et al. Proximal Policy Optimization Algorithms[DB/OL]. arXiv preprint arXiv:1707.06347, [2017].

[25] David Silver, Guy Lever, Nicolas Heess, et al. Deterministic Policy Gradient Algorithms[C/OL]. In ICML, [2014].

[26] Timothy P. Lillicrap, Jonathan J. Hunt, Alexander Pritzel, et al. Continuous control

with deep reinforcement learning[DB/OL]. arXiv preprint arXiv:1509.02971，[2015].

[27] Felix Yu. Deep Q Network vs Policy Gradients - An Experiment on VizDoom with Keras[DB/OL]. 2017.

[28] Andrew Ilyas, Logan Engstrom, Shibani Santurkar, et al. Are Deep Policy Gradient Algorithms Truly Policy Gradient Algorithms? [DB/OL]. arXiv preprint arXiv:1811.02553，[2018].

[29] Zafarali Ahmed, Nicolas Le Roux, Mohammad Norouzi, et al. Understanding the impact of entropy on policy optimization[DB/OL]. arXiv preprint arXiv:1811.11214，[2018].

[30] Thomas Degris, Martha White, Richard S. Sutton. Off-Policy Actor-Critic[DB/OL]. arXiv preprint arXiv:1205.4839，[2012].

[31] Ziyu Wang, Victor Bapst, Nicolas Heess, et al. Sample Efficient Actor-Critic with Experience Replay[DB/OL]. arXiv preprint arXiv:1611.01224，[2016].

第 5 章

[1] Alex Irpan. Deep Reinforcement Learning Doesn't Work Yet[DB/OL]. [2018].

[2] Matthew Rahtz. Lessons Learned Reproducing a Deep Reinforcement Learning Paper[DB/OL]. 2018.

[3] Peter Henderson, Riashat Islam, Philip Bachman, et al. Deep Reinforcement Learning that Matters[DB/OL]. arXiv preprint arXiv:1709.06560，[2017].

[4] Yuval Tassa, Yotam Doron, Alistair Muldal, et al. DeepMind Control Suite[DB/OL]. arXiv preprint arXiv:1801.00690，[2018].

[5] Scott Kuindersma, Robin Deits, Maurice Fallon, et al. Optimization-based locomotion planning, estimation, and control design for Atlas[J]. Autonomous Robots, 2016, vol. 40, no. 3: 429 – 455.

[6] Marc Lanctot, Vinicius Zambaldi, Audrunas Gruslys, et al. A Unified Game-Theoretic Approach to Multiagent Reinforcement Learning[C/OL]. In NIPS，[2017].

[7] Cédric Colas, Olivier Sigaud, Pierre-Yves Oudeyer. How Many Random Seeds? Statistical Power Analysis in Deep Reinforcement Learning Experiments[DB/OL]. arXiv preprint arXiv:1806.08295，[2018].

[8] Szymon Sidor, John Schulman. OpenAI Baselines: DQN[DB/OL]. [2017].

[9] Comet.ml

[10] Prafulla Dhariwal, Christopher Hesse, Oleg Klimov, et al. OpenAI Baselines[CP/OL]. GitHub repository, [2017].

[11] Michael Schaarschmidt, Alexander Kuhnle, Kai Fricke. TensorForce: A TensorFlow library for applied reinforcement learning[DB/OL]. [2017].

[12] chainer/chainerrl

[13] Marc G. Bellemare, Pablo Samuel Castro, Carles Gelada, et al. Dopamine[DB/OL]. 2018.

第 6 章

[1] Richard S. Sutton. Dyna, an integrated architecture for learning, planning, and reacting[C/OL]. In AAAI, [1991].

[2] Anusha Nagabandi, Gregory Kahn, Ronald S. Fearing, et al. Neural Network Dynamics for Model-Based Deep Reinforcement Learning with Model-Free Fine-Tuning[DB/OL]. arXiv preprint arXiv:1708.02596, [2017].

[3] Vitchyr Pong, Shixiang Gu, Murtaza Dalal, et al. Temporal Difference Models: Model-Free Deep RL for Model-Based Control[C/OL]. In ICLR, [2018].

[4] David Silver, Richard S. Sutton, Martin Mueller. Temporal-Difference Search in Computer Go[J]. Machine Learning, 2012, vol. 87, no. 2: 183 – 219.

[5] Cameron B. Browne, Edward Powley, Daniel Whitehouse. A Survey of Monte Carlo Tree Search Methods[J]. IEEE Transactions on Computational Intelligence and AI in Games, 2012, vol. 4, no. 1: 1 – 43.

[6] Giuseppe Cuccu, Julian Togelius, Philippe Cudre-Mauroux. Playing Atari with Six Neurons[DB/OL]. arXiv preprint arXiv:1806.01363, [2018].

[7] David Ha, Jürgen Schmidhuber. World Models[DB/OL]. arXiv preprint arXiv:1803.10122, [2018].

[8] Anusha Nagabandi, Gregory Kahn. Model-based Reinforcement Learning with Neural Network Dynamics[DB/OL]. [2017].

[9] Holly Grimm. Week 6: Model-based RL[DB/OL]. [2018].

[10] Timothée Lesort, Natalia Díaz-Rodríguez, Jean-François Goudou, et al. State Representation Learning for Control: An Overview[DB/OL]. arXiv preprint arXiv:1802.04181, [2018].

[11] Yusuf Aytar, Tobias Pfaff, David Budden, et al. Playing hard exploration games by

watching YouTube[DB/OL]. arXiv preprint arXiv:1805.11592, [2018].

[12] Ke Li, Jitendra Malik. Learning to Optimize[C/OL]. In ICLR, [2017].

[13] Ke Li. Learning to Optimize with Reinforcement Learning[DB/OL]. [2017].

[14] Irwan Bello, Barret Zoph, Vijay Vasudevan, et al. Neural Optimizer Search with Reinforcement Learning[C/OL]. In ICML, [2017].

[15] Meng Fang, Yuan Li, Trevor Cohn. Learning how to Active Learn: A Deep Reinforcement Learning Approach[C/OL]. In EMNLP, [2017].

[16] Chelsea Finn, Pieter Abbeel, Sergey Levine. Model-Agnostic Meta-Learning for Fast Adaptation of Deep Networks[C/OL]. In ICML, [2017].

[17] Ignasi Clavera, Jonas Rothfuss, John Schulman, et al. Model-Based Reinforcement Learning via Meta-Policy Optimization[DB/OL]. arXiv preprint arXiv:1809.05214, [2018].

[18] Matthew E. Peters, Mark Neumann, Mohit Iyyer, et al. Deep contextualized word representations[C/OL]. In NAACL, [2018].

[19] Jacob Devlin, Ming-Wei Chang, Kenton Lee, et al. BERT: Pre-training of Deep Bidirectional Transformers for Language Understanding[C/OL]. In NAACL, [2019].

[20] Chrisantha Fernando, Dylan Banarse, Charles Blundell, et al. PathNet: Evolution Channels Gradient Descent in Super Neural Networks[DB/OL]. arXiv preprint arXiv:1701.08734, [2017].

[21] Samuel Barrett, Matthew E. Taylor, Peter Stone. Transfer Learning for Reinforcement Learning on a Physical Robot[C/OL]. In AAMAS-ALA, [2010].

[22] Andrei A. Rusu, Mel Vecerik, Thomas Rothörl, et al. Sim-to-Real Robot Learning from Pixels with Progressive Nets[DB/OL]. arXiv preprint arXiv:1610.04286, [2016].

[23] Konstantinos Bousmalis, Alex Irpan, Paul Wohlhart, et al. Using Simulation and Domain Adaptation to Improve Efficiency of Deep Robotic Grasping[DB/OL]. arXiv preprint arXiv:1709.07857, [2017].

[24] Tianhe Yu, Chelsea Finn, Annie Xie, et al. One-Shot Imitation from Observing Humans via Domain-Adaptive Meta-Learning[C/OL]. In RSS, [2018].

[25] Satinder Singh, Andrew G. Barto, Nuttapong Chentanez. Intrinsically Motivated Reinforcement Learning[C/OL]. In NIPS, [2004].

[26] Deepak Pathak, Pulkit Agrawal, Alexei A. Efros, et al. Curiosity-driven

Exploration by Self-supervised Prediction[C/OL]. In ICML, [2017].

[27] Yuri Burda, Harri Edwards, Deepak Pathak, et al. Large-Scale Study of Curiosity-Driven Learning[DB/OL]. arXiv preprint arXiv:1808.04355, [2018].

[28] Jeffrey L. Elman. Learning and development in neural networks: the importance of starting small[J]. Cognition, 1993, vol. 48, no. 1: 71 – 99.

[29] Yoshua Bengio, Jérôme Louradour, Ronan Collobert, et al. Curriculum Learning[C/OL]. In ICML, [2009].

[30] Carlos Florensa, David Held, Markus Wulfmeier, et al. Reverse Curriculum Generation for Reinforcement Learning[C/OL]. In CoRL, [2017].

[31] Tim Salimans, Richard Chen. Learning Montezuma's Revenge from a Single Demonstration[DB/OL]. 2018.

[32] Tianmin Shu, Caiming Xiong, Richard Socher. Hierarchical and Interpretable Skill Acquisition in Multi-task Reinforcement Learning[C/OL]. In ICLR, [2018].

[33] Tejas D. Kulkarni, Karthik R. Narasimhan, Ardavan Saeedi, et al. Hierarchical Deep Reinforcement Learning: Integrating Temporal Abstraction and Intrinsic Motivation[C/OL]. In NIPS, [2016].

[34] OpenAI. OpenAI Five[DB/OL]. [2018].

[35] David Ha. A Visual Guide to Evolution Strategies[DB/OL]. [2017].

[36] Kenneth O. Stanley, Jeff Clune. Welcoming the Era of Deep Neuroevolution[DB/OL]. [2017].

[37] Eder Santana. MVE Series: Playing Catch with Keras and an Evolution Strategy[DB/OL]. [2018].

[38] Tim Salimans, Jonathan Ho, Xi Chen, et al. Evolution Strategies as a Scalable Alternative to Reinforcement Learning[DB/OL]. arXiv preprint arXiv:1703.03864, [2017].

[39] Horia Mania, Aurelia Guy, Benjamin Recht. Simple random search provides a competitive approach to reinforcement learning[DB/OL]. arXiv preprint arXiv:1803.07055, [2018].

[40] Alexandre Attia, Sharone Dayan. Global overview of Imitation Learning[DB/OL]. arXiv preprint arXiv:1801.06503, [2018].

[41] Richard Zhu, Andrew Kang. Imitation Learning[DB/OL]. [2016].

[42] Stephane Ross, J. Andrew Bagnell. Efficient reductions for imitation learning[C/OL].

In AISTATS，[2010].

[43] Stéphane Ross，Geoffrey J. Gordon，J. Andrew Bagnell. A reduction of imitation learning and structured prediction to no-regret online learning[C/OL]. In AISTATS，[2011].

[44] John Schulman. DAGGER and Friends[DB/OL]. 2015.

[45] Jonathan Ho，Stefano Ermon. Generative Adversarial Imitation Learning[C/OL]. In NIPS，[2016].

[46] Katharina Muelling，Abdeslam Boularias，Betty Mohler，et al. Learning strategies in table tennis using inverse reinforcement learning[J]. Biological Cybernetics，2014，vol. 108，no. 5：603 – 619.

[47] Andrew Y. Ng，Stuart J. Russell. Algorithms for Inverse Reinforcement Learning[C/OL]. In ICML，[2000].

[48] Pieter Abbeel，Andrew Y. Ng. Apprenticeship Learning via Inverse Reinforcement Learning[C/OL]. In ICML，[2004].

[49] Brian D. Ziebart，Andrew Maas，J. Andrew Bagnell，et al. Maximum Entropy Inverse Reinforcement Learning[C/OL]. In AAAI，[2008].

[50] Saurabh Arora，Prashant Doshi. A Survey of Inverse Reinforcement Learning: Challenges, Methods and Progress[DB/OL]. arXiv preprint arXiv:1806.06877，[2018].

[51] Abdeslam Boularias，Jens Kober，Jan Peters. Relative Entropy Inverse Reinforcement Learning[C/OL]. In AISTATS，[2011].

[52] Chelsea Finn，Sergey Levine，Pieter Abbeel. Guided Cost Learning: Deep Inverse Optimal Control via Policy Optimization[DB/OL]. arXiv preprint arXiv:1603.00448，[2016].

[53] Markus Wulfmeier，Peter Ondruska，Ingmar Posner. Maximum Entropy Deep Inverse Reinforcement Learning[DB/OL]. arXiv preprint arXiv:1507.04888，[2015].

[54] Deepak Ramachandran，Eyal Amir. Bayesian Inverse Reinforcement Learning[C/OL]. In IJCAI，[2007].

[55] Ian Goodfellow，Jean Pouget-Abadie，Mehdi Mirza，et al. Generative Adversarial Nets[C/OL]. In NIPS，[2014].

[56] Chelsea Finn，Paul Christiano，Pieter Abbeel，et al. A Connection between Generative Adversarial Networks, Inverse Reinforcement Learning, and Energy-Based Models[C/OL]. In NIPS Workshop on Adversarial Training，[2016].

[57] nat neka. 逆強化学習を理解する [DB/OL]. [2017].

[58] Yusuke Nakata. Maximum Entropy IRL（最大エントロピー逆強化学習）とその発展系について [DB/OL]. 2017.

[59] Shota Ishikawa. ノンパラメトリックベイズを用いた逆強化学習 [DB/OL]. [2018].

[60] makokal/funzo

[61] Yao Xie. Lecture 11: Maximum Entropy.

第 7 章

[1] Mayank Bansal，Alex Krizhevsky，Abhijit Ogale. ChauffeurNet: Learning to Drive by Imitating the Best and Synthesizing the Worst[DB/OL]. arXiv preprint arXiv:1812.03079，[2018].

[2] Zhe Xu，Zhixin Li，Qingwen Guan，et al. Large-Scale Order Dispatch in On-Demand Ride-Sharing Platforms: A Learning and Planning Approach[C/OL]. In KDD，[2018].

[3] bonsai

[4] covariant.ai

[5] Felipe Codevilla，Eder Santana，Antonio M. López，et al. Exploring the Limitations of Behavior Cloning for Autonomous Driving[DB/OL]. arXiv preprint arXiv:1904.08980，[2019].

[6] Artificial Intelligence in Transportation (KDD 2018).

[7] Liang Tang，Romer Rosales，Ajit P. Singh，et al. Automatic Ad Format Selection via Contextual Bandits[C/OL]. In CIKM，[2013].

[8] Lihong Li，Wei Chu，John Langford，et al. A Contextual-Bandit Approach to Personalized News Article Recommendation[C/OL]. In WWW，[2010].

[9] Ashok Chandrashekar，Fernando Amat，Justin Basilico，et al. Artwork Personalization at Netflix[C/OL]. [2017].

[10] Fernando de Mesentier Silva，Rodrigo Canaan，Scott Lee，el al. Evolving the Hearthstone Meta[DB/OL]. arXiv preprint arXiv:1907.01623，[2019].

[11] Amazon Alexa Prize.

[12] Will Knight. Siri May Get Smarter by Learning from Its Mistakes[DB/OL]. [2017].

[13] Parmy Olson. When AI Steers Tractors: How Farmers Are Using Drones And Data To Cut Costs[DB/OL]. [2018].

[14] Arthur Juliani, Vincent-Pierre Berges, Esh Vckay, et al. Unity: A General Platform for Intelligent Agents[DB/OL]. arXiv preprint arXiv:1809.02627, [2018].

[15] bulletphysics/bullet3

[16] SenseAct: A computational framework for real-world robot learning tasks

[17] NICKNORMAL. 'Duckietown' is an Open-Source MIT Class & Computer-Vision Self-Driving Robot for #RaspberryPi[DB/OL]. [2016].

[18] Shital Shah, Debadeepta Dey, Chris Lovett, et al. AirSim: High-Fidelity Visual and Physical Simulation for Autonomous Vehicles[DB/OL]. In FSR, [2017].

[19] Joshua Greaves, Max Robinson, Nick Walton, et al. Holodeck: A High Fidelity Simulator[CP/OL]. 2018.

[20] Matthew Johnson, Katja Hofmann, Tim Hutton, et al. The Malmo Platform for Artificial Intelligence Experimentation[C/OL]. In IJCAI, [2016].

[21] MineRL

[22] Alexander H. Miller, Will Feng, Adam Fisch, et al. ParlAI: A Dialog Research Software Platform[DB/OL]. arXiv preprint arXiv:1705.06476, [2017].

[23] Jason Gauci, Edoardo Conti, Yitao Liang, et al. Horizon: Facebook's Open Source Applied Reinforcement Learning Platform[DB/OL]. arXiv preprint arXiv:1811.00260, [2018].

[24] Romain Paulus, Caiming Xiong, Richard Socher. A Deep Reinforced Model for Abstractive Summarization[C/OL]. In ICLR, [2018].

[25] Romain Paulus, Caiming Xiong, Richard Socher. Your TL;DR by an AI: A Deep Reinforced Model for Abstractive Summarization[DB/OL]. [2018].

[26] Nicola De Cao, Thomas Kipf. MolGAN: An implicit generative model for small molecular graphs[DB/OL]. arXiv preprint arXiv:1805.11973, [2018].

[27] AutoML

[28] Simon Kornblith, Jonathon Shlens, Quoc V. Le. Do Better ImageNet Models Transfer Better? [DB/OL]. arXiv preprint arXiv:1805.08974, [2018].

[29] Barret Zoph, Vijay Vasudevan, Jonathon Shlens, et al. Learning Transferable Architectures for Scalable Image Recognition[DB/OL]. arXiv preprint arXiv:1707.07012, [2017].

[30] Mingxing Tan, Bo Chen, Ruoming Pang, et al. MnasNet: Platform-Aware Neural Architecture Search for Mobile[DB/OL]. arXiv preprint arXiv:1807.11626, [2018].

[31] Ekin D. Cubuk, Barret Zoph, Dandelion Mane, et al. AutoAugment: Learning Augmentation Policies from Data[DB/OL]. arXiv preprint arXiv:1805.09501, [2018].

[32] Min Chi, Kurt VanLehn, Diane Litman, et al. An Evaluation of Pedagogical Tutorial Tactics for a Natural Language Tutoring System: A Reinforcement Learning Approach[J]. International Journal of Applied Artificial Intelligence, 2011, vol. 21, no. 1: 83 – 113.

[33] Kenneth R. Koedinger, Emma Brunskill, Ryan S.J.d. Baker, et al. New Potentials for Data-Driven Intelligent Tutoring System Development and Optimization[J]. AI Magazine, 2013, vol 34, no. 3: 27 – 41.

版 权 声 明

《KIKAI GAKUSHUU SUTAATOAPPU SHIRIIZU PYTHON DE MANABU KYOUKA GAKUSHUU KAITEI DAI 2 HAN NYUUMON KARA JISSEN MADE》

© Takahiro Kubo 2019

All rights reserved.

Original Japanese edition published by KODANSHA LTD.

Publication rights for Simplified Chinese character edition arranged with KODANSHA LTD. through

KODANSHA BEIJING CULTURE LTD. Beijing, China.

本书由日本讲谈社正式授权,版权所有,未经书面同意,不得以任何方式作全面或局部翻印、仿制或转载。

版权所有,侵权必究。

TURING

图 灵 教 育

站在巨人的肩上

Standing on the Shoulders of Giants

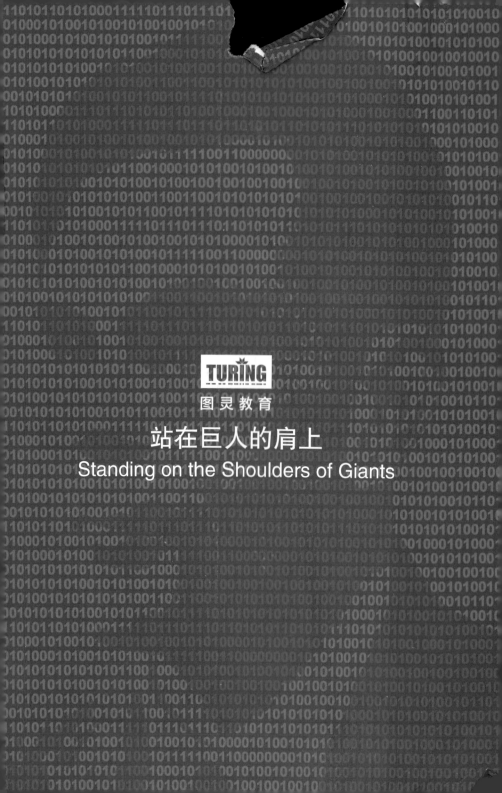

TURING

图灵教育

站在巨人的肩上

Standing on the Shoulders of Giants